席北斗　李晓光◎主编

美丽中国建设
知识问答

农村读物出版社

中国农业出版社

北　京

编 委 会

主　　编　席北斗　李晓光

副 主 编　雷　坤　吕　溥

参编人员　（按姓氏笔画排序）

王　艳　王新艳　吕旭波　刘新妹

严　丹　郎　琪　姜菁秋　聂　辉

徐香勤　翁巧然　崔　亮　彭嘉玉

熊伟光

| 作者简介 |

　　席北斗　男，博士，现任中国环境科学研究院院长、研究员、博士生导师。长期从事有机固体废物处置与资源化研究，主持国家科技重大专项项目、国家科技支撑项目等国家级科研任务20余项，获国家技术发明一等奖1项、国家技术发明二等奖2项和国家科技进步奖二等奖1项，获光华工程科技奖，入选全国杰出专业技术人才。

　　李晓光　女，博士，研究员。主要从事陆海统筹流域水环境治理、近海碳汇格局与演化趋势等研究。主持国家重点研发计划子课题4项，地方支撑项目10余项，累计发表中文核心文章20余篇，培养研究生6名。作为主要完成人，参编地方标准及技术指南、规范4项，参编专著4部。

建设美丽中国是全面建设社会主义现代化国家的重要目标，是实现中华民族伟大复兴中国梦的重要内容，是实现中华民族永续发展的重要路径，是推动经济社会高质量发展的内在要求，是满足人民群众美好生活需要的重要举措。党的十八大以来，习近平总书记就"为什么要建设美丽中国""建设什么样的美丽中国"和"如何建设美丽中国"这 3 个核心问题展开了一系列重要论述，把美丽中国建设纳入社会主义现代化强国建设的目标之中，系统论述了美丽中国建设的时间和路线图。

习近平总书记在 2023 年全国生态环境保护大会上强调，今后 5 年是美丽中国建设的重要时期，要深入贯彻新时代中国特色社会主义生态文明思想，坚持以人民为中心，牢固树立和践行绿水青山就是金山银山的理念，把建设美丽中国摆在强国建设、民族复兴的突出位置，推动城乡人居环境明显改善、美丽中国建设取得显著成效，以高品质生态环境支撑高质量发展，加快推进人与自然和谐共生的现代化。

为全面、详细理解美丽中国建设的重大意义、目标要求、重点任务，我们编写了《美丽中国建设知识问答》一书，以一问一答的形式，从美丽中国、美丽蓝天、美丽河湖、美丽海湾、美丽城市、美丽乡村、低碳发展七方面，全面阐述了美丽中国建设的具体内涵、主要内容及实现路径。本书内容具体、语言生动、通俗易懂、图文并茂，深入浅出地向公众普及了美丽中国建设的基本常识，有助于提高人民群众的环保意识，激发人民参与美丽中国建设的积极性和主动性，不断提高人民群众的获得感和幸福感。

全书由席北斗、李晓光主编，共分七章。具体编著人员及分工如下：第一章由李晓光、熊伟光编写；第二章由徐香勤、翁巧然、崔亮编写；第三章由席北斗、王新艳编写；第四章由雷坤、郎琪编写；第五章由吕溥、吕旭波编写；第六章由李晓光、王新艳主编；第七章由彭嘉玉、刘新妹、王艳、姜菁秋编写；聂辉、严丹负责图片绘制工作。本书由席北斗总体策划，李晓光组织编写并统稿核稿，编写过程中也参考了诸领域多位专家学者的研究结果，得到了很多学者和同行的帮助。

限于编写水平与时间有限，书中不足及疏漏之处在所难免，敬请各位同仁和广大读者批评指正。

编　者

2025 年 2 月

─ 目 录 ─

前言

第三章 美丽河湖 ·················· 025

第四章　美丽海湾 ··········· 047

第五章　美丽城市 ··········· 057

第六章 美丽乡村

第七章 低碳发展 …………………………………… 127

第一章

美丽中国

1 ➤ "美丽中国"的概念是怎么提出来的？

　　"美丽中国"是中国共产党第十八次全国代表大会提出的概念。2012年党的十八大报告提出把生态文明建设放在突出地位，融入经济建设、政治建设、文化建设、社会建设各方面和全过程，努力建设美丽中国，实现中华民族永续发展，这是美丽中国首次作为执政理念提出。2015年党的十八届五中全会将美丽中国写入《中共中央关于制定国民经济和社会发展第十三个五年规划》的建议，也是首次写入五年计划。2016年十二届全国人大四次会议通过"十三五"规划。2017年党的十九大报告提出，加快生态文明体制改革，建设美丽中国，到2035年，生态环境根本好转，美丽中国目标基本实现。2022年党的二十大报告强调我们要推进美丽中国建设，坚持山水林田湖草沙一体化保护和系统治理，统筹产业结构调整、污染治理、生态保护、应对气候变化，协同推进降碳、减污、扩绿、增长，推进生态优先、节约集约、绿色低碳发展。

什么是《中共中央 国务院关于全面推进美丽中国建设的意见》？

为全面推进美丽中国建设，加快推进人与自然和谐共生的现代化，2023年12月27日，《中共中央 国务院关于全面推进美丽中国建设的意见》发布。该意见共包含10个方面33条，对全面推进美丽中国建设工作作出系统部署，明确了总体要求、重点任务和重大举措，是指导全面推进美丽中国建设的纲领性文件。

3 建设美丽中国有什么重大意义？

　　建设美丽中国是以习近平同志为核心的党中央着眼于人与自然和谐共生现代化建设全局，顺应人民群众对美好生活的期盼作出的重大战略部署，是全面建设社会主义现代化国家的重要目标，是实现中华民族伟大复兴中国梦的重要内容，是满足人民日益增长的美好生活需要的必然要求，是共建清洁美丽世界的中国贡献。

4 **美丽中国建设的总体要求是什么？**

　　全面推进美丽中国建设，要坚持以习近平新时代中国特色社会主义思想特别是习近平生态文明思想为指导，深入贯彻党的二十大精神，落实全国生态环境保护大会部署，牢固树立和践行绿水青山就是金山银山的理念，处理好高质量发展和高水平保护、重点攻坚和协同治理、自然恢复和人工修复、外部约束和内生动力、"双碳"承诺和自主行动的关系，统筹产业结构调整、污染治理、生态保护、应对气候变化，协同推进降碳、减污、扩绿、增长，维护国家生态安全，抓好生态文明制度建设，以高品质生态环境支撑高质量发展，加快形成以实现人与自然和谐共生现代化为导向的美丽中国建设新格局，筑牢中华民族伟大复兴的生态根基。

5 美丽中国建设的主要目标是什么？

《中共中央 国务院关于全面推进美丽中国建设的意见》明确了分3个阶段全面建成美丽中国。

到2027年，绿色低碳发展深入推进，主要污染物排放总量持续减少，生态环境质量持续提升，国土空间开发保护格局得到优化，生态系统服务功能不断增强，城乡人居环境明显改善，国家生态安全有效保障，生态环境治理体系更加健全，形成一批实践样板，美丽中国建设成效显著。

到2035年，广泛形成绿色生产生活方式，碳排放达峰后稳中有降，生态环境根本好转，国土空间开发保护新格局全面形成，生态系统多样性稳定性持续性显著提升，国家生态安全更加稳固，生态环境治理体系和治理能力现代化基本实现，美丽中国目标基本实现。

展望21世纪中叶，生态文明全面提升，绿色发展方式和生活方式全面形成，重点领域实现深度脱碳，生态环境健康优美，生态环境治理体系和治理能力现代化全面实现，美丽中国全面建成。

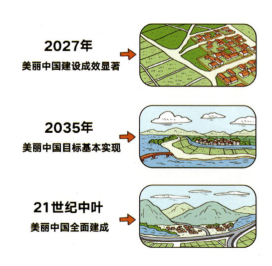

2027年
美丽中国建设成效显著

2035年
美丽中国目标基本实现

21世纪中叶
美丽中国全面建成

6 美丽中国建设有什么战略安排？

锚定美丽中国建设目标，坚持精准治污、科学治污、依法治污，根据经济社会高质量发展的新需求、人民群众对生态环境改善的新期待，加大对突出生态环境问题集中解决力度，加快推动生态环境质量改善从量变到质变。"十四五"深入攻坚，实现生态环境持续改善；"十五五"巩固拓展，实现生态环境全面改善；"十六五"整体提升，实现生态环境根本好转。要坚持做到：

（1）**全领域转型**。大力推动经济社会发展绿色化、低碳化，加快能源、工业、交通运输、城乡建设、农业等领域绿色低碳转型，加强绿色科技创新，增强美丽中国建设的内生动力、创新活力。

（2）**全方位提升**。坚持要素统筹和城乡融合，一体开展"美丽系列"建设工作，重点推进美丽蓝天、美丽河湖、美丽海湾、美丽山川建设，打造美丽中国先行区、美丽城市、美丽乡村，绘就各美其美、美美与共的美丽中国新画卷。

（3）**全地域建设**。因地制宜、梯次推进美丽中国建设全域覆盖，展现大美西部壮美风貌、亮丽东北辽阔风光、美丽中部锦绣山河、和谐东部秀美风韵，塑造各具特色、多姿多彩的美丽中国建设板块。

（4）**全社会行动**。把建设美丽中国转化为全体人民的行为自觉，鼓励园区、企业、社区、学校等基层单位开展绿色、清洁、零碳引领行动，形成人人参与、人人共享的良好社会氛围。

7 美丽中国建设有哪些重点任务？

　　《中共中央 国务院关于全面推进美丽中国建设的意见》提出了加快发展方式绿色转型、持续深入推进污染防治攻坚、提升生态系统多样性稳定性持续性、守牢美丽中国建设安全底线、打造美丽中国建设示范样板、开展美丽中国建设全民行动、健全美丽中国建设保障体系、加强党的全面领导8个方面的重点任务。

美丽中国建设重点推进哪些方面的建设？建设美丽中国先行区优先在哪些地方开展？

　　美丽中国建设重点推进美丽蓝天、美丽河湖、美丽海湾、美丽山川建设，打造美丽中国先行区、美丽城市和美丽乡村7个方面的建设。建设美丽中国先行区主要聚焦区域协调发展战略和区域重大战略，加强绿色发展协作，打造绿色发展高地。优先在京津冀、长江经济带、粤港澳大湾区、长三角地区、黄河流域等区域开展美丽中国先行区建设。

9 《中共中央 国务院关于全面推进美丽中国建设的意见》中提出的持续深入推进污染防治攻坚的具体目标有哪些？

持续深入推进污染防治攻坚任务的具体目标为：

（1）**持续深入打好蓝天保卫战**。到2027年，全国细颗粒物平均浓度下降到28微克/立方米以下，各地级及以上城市力争达标；到2035年，全国细颗粒物浓度下降到25微克/立方米以下，实现空气常新、蓝天常在。

（2）**持续深入打好碧水保卫战**。到2027年，全国地表水水质、近岸海域水质优良比例分别达到90%、83%左右，美丽河湖、美丽海湾建成率达到40%左右；到2035年，"人水和谐"美丽河湖、美丽海湾基本建成。

（3）**持续深入打好净土保卫战**。到2027年，受污染耕地安全利用率达到94%以上，建设用地安全利用得到有效保障；到2035年，地下水国控点位Ⅰ～Ⅳ类水比例达到80%以上，土壤环境风险得到全面管控。

（4）**强化固体废物和新污染物治理**。到2027年，"无废城市"建设比例达到60%，固体废物产生强度明显下降；到2035年，"无废城市"建设实现全覆盖，东部省份率先全域建成"无废城市"，新污染物环境风险得到有效管控。

第二章

美丽蓝天

10 我国在国家层面出台的保卫蓝天行动计划有哪些？

　　党中央、国务院高度重视大气污染防治工作，持续推进大气污染治理，持续改善空气质量，先后出台了3个国家层面的保卫蓝天行动计划：《大气污染防治行动计划》（国发〔2013〕37号）（简称《大气十条》）、《打赢蓝天保卫战三年行动计划》（国发〔2018〕22号）（简称《蓝天保卫战》）、《空气质量持续改善行动计划》（国发〔2023〕24号）。

　　《空气质量持续改善行动计划》是连续第三个以"大气十条"形式出台的国家大气环境治理顶层设计文件，强调以降低细颗粒物（PM$_{2.5}$）浓度为主线，通过系统治理协同推进降碳、减污、扩绿、增长，标志着我国在建设蓝天白云、繁星闪烁的美丽中国道路上又踏出坚实的一步。

什么是大气污染？主要来源有哪些？

　　大气污染是由于人类活动或自然过程引起某些物质进入大气中，呈现出足够的浓度达到足够的时间，并因此危害了人体健康和所生活环境的现象。其来源包括自然污染源（如森林火灾、火山爆发、沙尘暴等）和人为污染源（如工业排放、能源生产、生活源、农业活动、交通运输等）两大类。

大气污染物主要有哪些？有哪些危害？

　　大气污染物主要包括二氧化硫（SO_2）、二氧化氮（NO_2）、细颗粒物（$PM_{2.5}$）、粗颗粒物（PM_{10}）、一氧化碳（CO）、臭氧（O_3）等。大气污染可以显著降低人体免疫力，引起急性中毒、慢性中毒，诱发多种疾病，严重影响人体健康；大气污染还会对种植业、林业、畜牧业产生影响，由大气污染引起的酸雨可对工农业生产造成严重危害；同时，二氧化碳、甲烷、氮氧化物和氯氟碳化合物等温室气体的排放，将引起地球大气层中温室效应的增强，从而导致全球气温上升，造成更大的危害。

什么是空气质量指数？可以分为哪些级别？

　　空气质量指数（AQI）是定量描述空气质量状况的无量纲指数，通常以二氧化硫（SO_2）、二氧化氮（NO_2）、细颗粒物（$PM_{2.5}$）、一氧化碳（CO）、颗粒物（PM_{10}）、臭氧（O_3）作为核算因子。AQI数值越大、颜色越深，说明空气污染状况越严重，对人体的健康危害也就越大。AQI数值划分为0～50、51～100、101～150、151～200、201～300和>300共计6个等级，分别代表优、良、轻度污染、中度污染、重度污染、严重污染，对应颜色分别以绿色、黄色、橙色、红色、紫色、褐红色表示。

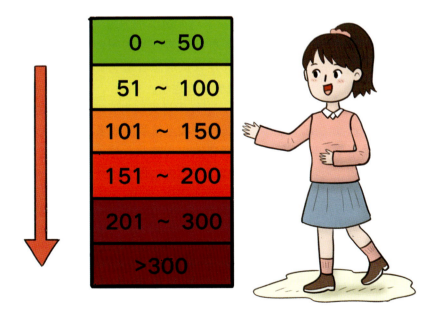

14 不同等级的空气质量指数对人体健康分别有哪些影响？

空气质量指数为0～50，空气质量级别为一级，空气质量状况属于优。此时的空气质量令人满意，基本无空气污染，各类人群可正常活动。

空气质量指数为51～100，空气质量级别为二级，空气质量状况属于良。此时的空气质量可接受，但某些污染物可能对极少数异常敏感人群的健康有较大影响。建议此类人群减少户外活动。

空气质量指数为101～150，空气质量级别为三级，空气质量状况属于轻度污染。此时易感人群症状轻度加剧，健康人群出现刺激症状。建议儿童、老年人及心脏病、呼吸系统疾病患者减少长时间、高强度的户外锻炼。

空气质量指数为151～200，空气质量级别为四级，空气质量状况属于中度污染。此时易感人群症状进一步加剧，对健康人群的心脏、呼吸系统可能有影响。建议疾病患者避免长时间、高强度的户外锻炼，一般人群适量减少户外运动。

空气质量指数为201～300，空气质量级别为五级，空气质量状况属于重度污染。此时心脏病和呼吸系统疾病患者症状显著加剧，运动耐受力降低；健康人群普遍出现症状。建议儿童、老年人和心脏病、呼吸系统疾病患者留在室内，停止户外运动，一般人群减少户外运动。

空气质量指数大于300，空气质量级别为六级，空气质量状况属于严重污染。此时，健康人群运动耐受力降低，有明显强烈症状，提前出现某些疾病。建议儿童、老年人和病人留在室内，避免体力消耗，一般人群应避免户外活动。

什么是空气质量预警？

　　当空气污染物浓度或空气质量指数（AQI）达到预警级别时，由环境管理部门向公众和相关部门发出警报，提醒公众采取适当的防御方法，有关部门采取必要的应对措施，以保障人民群众的身体健康，即为空气质量预警。空气质量预警采取分级预警的形式，以空气质量预报为依据，综合考虑污染程度、覆盖范围和持续时间等因素，分别确定符合各地实际情况和现实需求的预警等级和制定更有针对性的应急方案，以发挥最大的社会和经济效益。

16 重污染天气预警有哪几个级别？

根据空气质量预测结果，综合考虑重度污染天气的影响范围、污染程度和持续时间等，将空气重污染预警分为4个级别，由轻到重依次为：

蓝色预警：预警四级，预测AQI日均值（24小时均值，下同）＞200且未达到高级别预警条件。

黄色预警：预警三级，预测AQI日均值＞200将持续2天及以上且未达到高级别预警条件。

橙色预警：预警二级，预测AQI日均值＞200将持续3天，且出现AQI日均值＜300的情况。

红色预警：预警一级，预测AQI日均值＞200将持续4天及以上，且AQI日均值＜300将持续2天及以上时，或预测AQI日均值达到500并将持续1天及以上。

第二章
美丽蓝天　019

生活中公众可以通过哪些途径实时了解空气质量？

生活中，公众可以通过生态环境部（https://www.mee.gov.cn）、中国环境监测总站（http://www.cnemc.cn/sssj/）、中国天气网（http://www.weather.com.cn/air/）等官方网站，微博，微信公众号等途径，了解全国及重点区域空气质量形势预报、省域空气质量形势预报，城市空气质量预报等信息。

18　我国大气污染防治取得了哪些成效？

　　党的十八大以来，党和国家将大气污染防治工作纳入社会经济发展全局，大气污染防治取得了历史性、转折性成绩，主要大气污染物排放量大幅削减，空气质量显著改善。2013—2022年，细颗粒物（$PM_{2.5}$）平均浓度下降了57%，重度污染天数减少了93%，二氧化硫、一氧化碳、二氧化氮先后实现100%城市达标。2022年，全国$PM_{2.5}$年均浓度均值为29微克/立方米，首次降低到30微克/立方米以内；重度及以上污染天数比率首次低于1%。我国仅用7年时间就达到了美国30年的$PM_{2.5}$浓度改善幅度，成为全球空气质量改善速度最快的国家。

《空气质量持续改善行动计划》的指导思想是什么?

为持续深入打赢蓝天保卫战,切实保障人民群众身体健康,以空气质量持续改善推动经济高质量发展,2023年11月24日,国务院常务会议审议通过《空气质量持续改善行动计划》。该行动计划以习近平新时代中国特色社会主义思想为指导,全面贯彻党的二十大精神,深入贯彻习近平生态文明思想,落实全国生态环境保护大会部署,坚持稳中求进工作总基调,协同推进降碳、减污、扩绿、增长,以改善空气质量为核心,以减少重污染天气和解决人民群众身边的突出大气环境问题为重点,以降低PM$_{2.5}$浓度为主线,大力推动氮氧化物和挥发性有机物(VOCs)减排;开展区域协同治理,突出精准、科学、依法治污,完善大气环境管理体系,提升污染防治能力;远近结合研究谋划大气污染防治路径,扎实推进产业、能源、交通绿色低碳转型,强化面源污染治理,加强源头防控,加快形成绿色低碳生产生活方式,实现环境效益、经济效益和社会效益多赢。

20 《空气质量持续改善行动计划》的目标是什么?

到2025年, 全国地级及以上城市$PM_{2.5}$浓度比2020年下降10%, 重度及以上污染天数比率控制在1%以内; 氮氧化物和VOCs排放总量比2020年分别下降10%以上。京津冀及周边地区、汾渭平原$PM_{2.5}$浓度分别下降20%、15%, 长三角地区$PM_{2.5}$浓度总体达标, 北京市控制在32微克/立方米以内。

我国空气质量持续改善的重点工作
任务有哪些？

我国空气质量持续改善的重点工作任务包括以下几个方面：

· 优化产业结构，促进产业产品绿色升级。
· 优化能源结构，加速能源清洁低碳高效发展。
· 优化交通结构，大力发展绿色运输体系。
· 强化面源污染治理，提升精细化管理水平。
· 强化多污染物减排，切实降低排放强度。
· 加强机制建设，完善大气环境管理体系。
· 加强能力建设，严格执法监督。
· 健全法律法规标准体系，完善环境经济政策。
· 落实各方责任，开展全民行动。

22 防治大气污染，我们在日常生活中应该怎样做？

良好的生态环境是最普惠的民生福祉，关注空气质量、防治大气污染人人有责。在日常生活中，我们要努力做到以下几点：

坚持低碳出行。尽量乘坐公共交通工具出行，或步行、骑自行车，不驾驶、乘坐尾气排放不达标车辆。

减少烟尘排放。不随意焚烧生活垃圾、秸秆，不燃用散煤，少放烟花爆竹，抵制露天烧烤。

参加环保实践。积极参与大气污染防治环保公益活动，宣传绿色低碳知识，参加各类环保志愿服务活动，主动为大气污染防治工作提建议。

参与监督举报。积极参与和监督大气污染防治保护等工作，劝阻、制止或举报破坏及污染大气环境的行为，共建美丽中国。

第三章
美丽河湖

23 什么是美丽河湖？美丽河湖应具备哪些基本条件？

美丽河湖是指符合"清水绿岸、鱼翔浅底"的愿景，水资源、水生态、水环境等流域要素系统保护取得良好成效，使人民群众的生态环境获得感、幸福感、安全感显著增强，实现人水和谐的河湖。美丽河湖是美丽中国在水生态环境领域的集中体现和重要载体。

2022年，生态环境部组织制定了《美丽河湖保护与建设参考指标（试行）》，提出美丽河湖应具备以下3个基本条件。

（1）**水资源**。具有稳定的补给水源（含再生水），水体流动性较好（或水文过程与当地自然条件契合度高），河湖生态用水得到有效保障，稳定实现"有河有水"。

（2）**水生态**。河湖水域及其缓冲带的生态环境功能得到维持或恢复，生物多样性得到有效保护，有代表性的土著物种得到重现，稳定实现"有鱼有草"。

（3）**水环境**。流域内各类污染物排放得到有效控制，河湖水质实现根本好转或水质稳定达到优良水平，公众的观景、休闲等亲水需求得到较好满足，人民群众反映的生态环境问题得到妥善解决，不存在弄虚作假等情况，稳定实现"人水和谐"。

24 美丽河湖有哪些参考指标？

《美丽河湖保护与建设参考指标（试行）》依据科学性、引导性、针对性、可行性原则，明确了美丽河湖的6项参考指标，包括生态用水保障、自然岸线率、水生植物保护、水生动物保护、湖库营养状态及水华情况、地表水环境质量，每个指标都有相应的计算方法，实现可监测、可统计、可评估。

"有河有水"以"生态用水保障"指标表征河湖生态用水保障目标落实情况，引导地方保障河流生态流量、保持合理生态水位。

"有鱼有草"包括水生态指标4个，生物多样性是良好水生态系统的重要表现，以水生植物土著物种数和覆盖度恢复情况、鱼类等水生动物土著物种数和种群数量恢复情况，以及外来有害物种入侵得到有效控制等引导地方开展生物多样性保护；以"湖库营养状态及水华情况"指标引导地方开展生物多样性保护和湖库治理；以"自然岸线率"指标引导地方合理利用岸线资源，恢复岸线生态功能，保护河湖水生境。

"人水和谐"以"地表水环境质量"指标反映河湖水质理化指标状况，切实引导地方加快补齐污染治理短板，加强河湖污染治理。

美丽河湖保护与建设的目标是什么?

《美丽河湖保护与建设参考指标（试行）》提出的美丽河湖保护与建设目标为：到2025年，建成一批具有全国示范价值的美丽河湖，推进美丽河湖保护与建设的工作机制基本建立。到2030年，美丽河湖保护与建设取得显著成效。到2035年，具备条件的河湖基本建成美丽河湖，"清水绿岸、鱼翔浅底"景象处处可见。

我们国家遴选出的美丽河湖有哪些？

　　美丽河湖是美丽中国在水生态环境领域的集中体现和重要载体。2021年，生态环境部首次开展美丽河湖、美丽海湾优秀案例征集活动，在各省份推荐的基础上，组织筛选出18个美丽河湖案例（其中9个为优秀案例，9个为提名案例）；2022年，筛选出第二批共39个美丽河湖优秀案例；2024年，筛选出第三批美丽河湖优秀案例。第一批和第二批优秀案例如下：

第一批美丽河湖优秀案例

　　优秀案例： 山东马踏湖、安徽新安江（黄山段）、北京密云水库、内蒙古哈拉哈河（阿尔山段）、四川邛海、浙江下渚湖、泸沽湖（云南部分）、福建霍童溪（蕉城段）、浙江浦阳江（浦江段）。

　　提名案例： 河南淇河（鹤壁段）、山东日照水库、广西漓江、广东茅洲河、天津海河（河北区段）、陕西汉江（汉中段）、宁夏沙湖、甘肃石羊河（武威段）、浙江马金溪（开化段）。

第二批美丽河湖优秀案例

　　北京怀柔雁栖湖，天津子牙河（红桥区段），河北邯郸沁河（复兴区段），内蒙古无定河（鄂尔多斯段），辽宁抚顺大伙房水库，吉林白城南湖，江苏常州天目湖、苏州吴淞江、南京秦淮河，浙江杭州千岛湖、湖州西苕溪、嘉兴南湖，安徽安庆潜水（潜山段）、长江（铜陵段），福建南平崇阳溪、三明金溪（将乐段）、厦门筼筜湖，江西赣州阳明湖，山东泰安东平湖、青岛李村河，河南伊洛河（洛阳段），湖北宜昌黄柏河，湖南郴州东江湖、长沙圭塘河，广东广州流溪河、河源万绿湖、东莞华阳湖，广西南宁那考河，海南海口五源河，重庆开州汉丰湖，四川宜宾江之头、阿坝花湖，贵州贵阳南明河，云南赤水河（昭通段），西藏拉萨纳木错，陕西安康瀛湖，青海西宁北川河，宁夏固原渝河，新疆博尔塔拉蒙古自治州赛里木湖。

27 什么是碧水保卫战？碧水保卫战的目标是什么？

2018年，中共中央、国务院印发《关于全面加强生态环境保护 坚决打好污染防治攻坚战的意见》，提出坚决打赢蓝天保卫战，着力打好碧水保卫战，扎实推进净土保卫战。碧水保卫战是生态环境保护三大保卫战之一。

《中共中央 国务院关于全面推进美丽中国建设的意见》提出持续深入打好碧水保卫战的目标：到2027年，全国地表水水质、近岸海域水质优良比例分别达到90%、83%左右；美丽河湖、美丽海湾建成率达到40%左右。到2035年，"人水和谐"美丽河湖、美丽海湾基本建成。

28　我国有哪些重点流域？

　　我国十大重点流域分别是长江流域、黄河流域、珠江流域、松花江流域、淮河流域、海河流域、辽河流域、浙闽片河流域、西北诸河流域、西南诸河流域。

29 关于水环境保护治理，我国出台了哪些法律、规划？

中共中央、国务院高度重视水环境保护治理工作，先后制定实施了以下法律、规划：

《中华人民共和国水污染防治法》（1984年）

《中华人民共和国水法》（2002年修订）

《中华人民共和国长江保护法》（2020年）

《中华人民共和国黄河保护法》（2022年）

《水污染防治行动计划》（2015年）

《长江经济带生态环境保护规划》（2017年）

《重点流域水污染防治规划（2016—2020年)》（2017年）

《长江保护修复攻坚战行动计划》（2018年）

《黄河流域生态保护和高质量发展规划纲要》（2021年）

《"十四五"重点流域水环境综合治理规划》（2021年）

《黄河流域生态环境保护规划》（2022年）

《黄河生态保护治理攻坚战行动方案》（2022年）

《深入打好长江保护修复攻坚战行动方案》（2022年）

《重点流域水生态环境保护规划》（2023年）

什么是《中华人民共和国长江保护法》？

　　为了加强长江流域生态环境保护和修复，促进资源合理高效利用，保障生态安全，实现人与自然和谐共生、中华民族永续发展，我国制定了《中华人民共和国长江保护法》。该法律于2020年12月26日在中华人民共和国第十三届全国人民代表大会常务委员会第二十四次会议上通过，自2021年3月1日起施行。《中华人民共和国长江保护法》作为中国首部流域专门法律，对长江生物保护、污水治理、防洪救灾、生态修复等提出了新的要求。这一法律的实施，对加强长江流域生态环境保护，推动长江经济带绿色发展，实现中华民族永续发展具有重要意义。

31 什么是《中华人民共和国黄河保护法》？

　　为加强黄河流域生态环境保护，保障黄河安澜，推进水资源节约集约利用，推动高质量发展，保护、传承、弘扬黄河文化，实现人与自然和谐共生、中华民族永续发展，我国制定了《中华人民共和国黄河保护法》。该法律于2022年10月30日在第十三届全国人民代表大会常务委员会第三十七次会议通过，自2023年4月1日起施行。《中华人民共和国黄河保护法》的制定实施，为在法治轨道上推进黄河流域生态保护和高质量发展提供有力保障。

《重点流域水生态环境保护规划》的
指导思想是什么？

　　为深入贯彻落实党的二十大精神，落实水污染防治法、长江保护法、黄河保护法等有关规定，经国务院同意，2023年，生态环境部联合国家发展和改革委员会、财政部、水利部、林业和草原局等部门印发了《重点流域水生态环境保护规划》。该规划以习近平新时代中国特色社会主义思想为指导，全面贯彻落实党的二十大精神，深入贯彻习近平生态文明思想，按照党中央、国务院决策部署，坚持山水林田湖草沙一体化保护和系统治理，坚持精准、科学、依法治污，统筹水资源、水环境、水生态治理，协同推进降碳、减污、扩绿、增长，以改善水生态环境质量为核心，持续深入打好碧水保卫战，大力推进美丽河湖保护与建设，为2035年基本实现美丽中国建设目标奠定良好基础。

《重点流域水生态环境保护规划》的目标是什么？

　　《重点流域水生态环境保护规划》提出，到2025年，主要水污染物排放总量持续减少，水生态环境持续改善，在面源污染防治、水生态恢复等方面取得突破，水生态环境保护体系更加完善，水资源、水环境、水生态等要素系统治理、统筹推进格局基本形成。

　　展望2035年，水生态环境根本好转，生态系统实现良性循环，美丽中国水生态环境目标基本实现。

　　（1）水环境。地表水达到或好于Ⅲ类水体比例达到85%，地表水劣Ⅴ类水体基本消除，县级及以上城市集中式饮用水水源水质达到或优于Ⅲ类比例达到93%，县级城市建成区基本消除黑臭水体。

　　（2）水资源。达到生态流量要求的河湖数量为354个，恢复"有水"的河流数量为53条。

　　（3）水生态。水生生物完整性指数持续改善，新增0.77万千米河湖生态缓冲带修复长度，新增213平方千米人工湿地水质净化工程建设面积，127个河湖水体重现土著鱼类或土著水生植物。

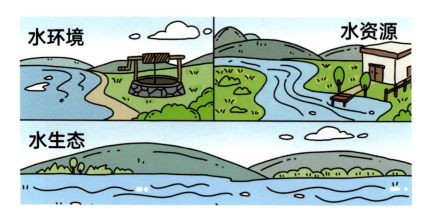

我国水生态环境保护还存在哪些问题?

《重点流域水生态环境保护规划》指出，我国水生态环境保护面临的结构性、根源性、趋势性压力尚未根本缓解，与美丽中国建设目标要求仍有不小差距。主要体现在以下方面：

（1）**水环境质量改善不平衡不协调问题突出**。城乡面源污染防治瓶颈亟待突破，环境基础设施欠账仍然较多，部分区域污水收集处理能力不足，农村生活污水和黑臭水体治理亟待加强。

（2）**水生态破坏问题凸显**。部分流域水源涵养区、河湖水域及其缓冲带等重要生态空间过度开发，导致生态功能衰退、生物多样性丧失、湖泊蓝藻水华频发等，成为建设美丽中国的突出短板。

（3）**河湖生态用水保障不足**。我国人多水少，水资源时空分布不均，京津冀、黄河流域、辽河流域等缺水地区产业布局与水资源承载力不相适配，部分河湖生态流量难以保障，河流断流、湖泊萎缩等问题较为突出。

（4）**水生态环境风险依然较高**。部分环境风险企业位于饮用水源地周边，生产储运区交替分布。与生产安全事故伴生的突发水环境事件时有发生。部分地区尾矿库生态环境历史遗留问题多，解决难度大。河湖滩涂底泥的重金属累积性风险不容忽视，新污染物管控能力有待提升。

什么是水污染？水污染的来源有哪些？

　　污水是指在生产及生活中排放的丧失了原来使用功能的水。按照其来源，可以分为生活污水、工业废水、农业废水等三类。

生活污水

　　指城市及农村居民生活中所排放的污水，主要来源有粪尿、洁具冲洗、洗浴、洗衣、厨房用水、房间清洁用水等。

　　指工业生产过程中排放出来的废水。按照与生产工艺的接触程度，工业废水可分为生产污水和生产废水。其中生产活水直接参与生产工艺操作，生产废水不直接参与生产工艺操作，如冷却水。

工业废水

农业废水

　　指农田退水，畜禽养殖、水产养殖及其产品生产加工过程中产生的废水。

水污染有哪些危害？

水污染会对人类健康造成危害，污水中的致病微生物会引起霍乱、伤寒、痢疾、肝炎等肠道传染病蔓延。

污水中各种有毒化学物质如汞、砷、铬、酚、氰化物、多氯联苯及农药等，会带来致畸、致癌、致突变等潜在的健康危害或引起急性、慢性中毒。

污水色度、浑浊度、异臭异味等感官性状发生变化，会造成居民的恐慌和反感，影响居民正常生活饮水与用水。

污水直接灌溉农田，可能导致农作物产量和品质降低，甚至绝收。同时，污水还会造成水产养殖产量和质量下降，给渔业生产带来经济损失。

危害人体健康

影响农作物产量

造成渔业损失

37 什么是水体富营养化？水体富营养化的危害有哪些？

受人类生活和生产劳动影响，大量含氮、磷等的营养物质进入河、湖、海湾等缓流水体，使藻类及其他浮游生物迅速繁殖，水体溶解氧量下降，水质恶化，鱼类及其他生物大量死亡的现象，称为水体富营养化。

水体富营养化造成的危害有以下几点。

(1) **破坏水体生态环境**。水体富营养化发生后，水体透明度降低，阳光难以穿透水层，从而影响水中植物的光合作用，使溶解氧过饱和，导致水体水质恶化，对水生动植物构成危害。同时，底层堆积的有机物质在厌氧条件下，分解产生硫化氢等有害气体，使水质进一步恶化，导致鱼虾等动物死亡。

(2) **污染饮用水源**。河流、湖泊、水库水等地表水是人类重要的饮用水源。水体中藻类的大量繁殖与腐坏使水质恶化，藻类产生的毒素会严重威胁人类健康。

(3) **影响自然景观**。水体富营养化使水质恶化发臭，严重影响自然景观。同时，水体富营养化会堵塞航道，影响航运，使旅游型水体丧失旅游价值。

什么是饮用水水源保护区？饮用水
水源保护区是怎么划定的？

　　饮用水水源保护区是指为防止饮用水水源地污染、保证水源水质而划定，并要求加以特殊保护的一定范围的水域和陆域。

　　饮用水水源保护区分为一级保护区和二级保护区，必要时可在保护区外划分准保护区。

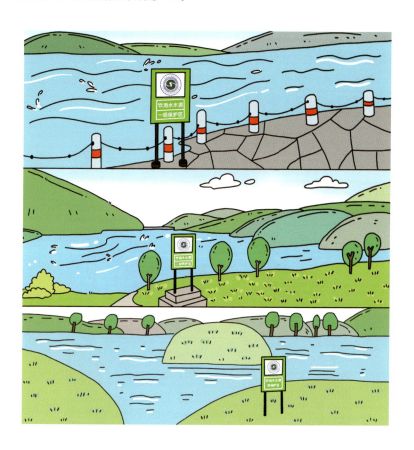

39 什么是饮用水水源一级保护区？保护区内禁止从事哪些活动？

饮用水水源一级保护区是指以取水口（井）为中心，为防止人为活动对取水口的直接污染，确保取水口水质安全而划定、需加以严格限制的核心区域。

饮用水水源一级保护区内禁止从事以下活动：

禁止在饮用水水源一级保护区内新建、改建、扩建与供水设施和保护水源无关的建设项目；已建成的与供水设施和保护水源无关的建设项目，由县级以上人民政府责令拆除或者关闭。

禁止在饮用水水源一级保护区内从事网箱养殖、旅游、游泳、垂钓或者其他可能污染饮用水水体的活动。

40 什么是饮用水水源二级保护区？保护区内禁止从事哪些活动？

饮用水水源二级保护区是指在一级保护区之外，为防止污染源对饮用水水源水质的直接影响，保证饮用水水源一级保护区水质而划定，须加以严格控制的重点区域。

饮用水水源二级保护区内禁止从事以下活动：

禁止在饮用水水源二级保护区内新建、改建、扩建排放污染物的建设项目；已建成的排放污染物的建设项目，由县级以上人民政府责令拆除或者关闭。

在饮用水水源二级保护区内从事网箱养殖、旅游等活动的，应当按照规定采取措施，防止污染饮用水水体。

41 什么是饮用水水源准保护区？准保护区内禁止从事哪些活动？

　　饮用水水源准保护区是指依据需要，在二级保护区外，为涵养水源、控制污染源对饮用水水源水质的间接影响，保证饮用水水源二级保护区的水质而划定，需开展生态保护和实施水污染物总量控制的区域。

　　饮用水水源准保护区内禁止从事以下活动：

　　禁止在饮用水水源准保护区内新建、扩建对水体污染严重的建设项目；改建建设项目，不得增加排污量。

　　县级以上地方人民政府应当根据保护饮用水水源的实际需要，在准保护区内采取工程措施或者建造湿地、水源涵养林等生态保护措施，防止水污染物直接排入饮用水水体，确保饮用水安全。

42　违反饮用水水源保护有关规定，将承担何种责任？

《中华人民共和国水污染防治法》规定，在饮用水水源保护区内设置排污口的，由县级以上地方人民政府责令限期拆除，处十万元以上五十万元以下的罚款；逾期不拆除的，强制拆除，所需费用由违法者承担，处五十万元以上一百万元以下的罚款，并可以责令停产整治。此外，违反规定设置排污口或者私设暗管的，由县级以上地方人民政府环境保护主管部门责令限期拆除，处两万元以上十万元以下的罚款；逾期不拆除的，强制拆除，所需费用由违法者承担，处十万元以上五十万元以下的罚款；私设暗管或者有其他严重情节的，县级以上地方人民政府环境保护主管部门可以提请县级以上地方人民政府责令停产整顿。

在饮用水水源一级保护区内新建、改建、扩建与供水设施和保护水源无关的建设项目等，由县级以上地方人民政府环境保护主管部门责令停止违法行为，处十万元以上五十万元以下的罚款；并报经有批准权的人民政府批准，责令拆除或者关闭。

在饮用水水源一级保护区内从事网箱养殖或者组织进行旅游、垂钓或者其他可能污染饮用水水体的活动的，由县级以上地方人民政府环境保护主管部门责令停止违法行为，处两万元以上十万元以下的罚款。个人在饮用水水源一级保护区内游泳、垂钓或者从事其他可能污染饮用水水体的活动的，由县级以上地方人民政府环境保护主管部门责令停止违法行为，可以处五百元以下的罚款。

43 保护河湖，我们该怎么做？

　　水是生命之源，水环境直接关系我们的生存环境和生活品质。保护河湖水环境需要每个人的积极参与和共同努力。在日常生活中，不将生活污水、生活垃圾、危险废弃物向河道内排放和倾倒；慎用洗化剂，不使用含磷洗衣粉，减少生活污水的排放；科学使用农药和化肥；不在河湖和饮用水水源地保护区内烧烤、游泳、垂钓和戏水；不在河道边清洗衣物、车辆；不在水源地从事网箱养殖和规模养殖；发现有污染水源的现象要及时劝阻或拨打12345举报。

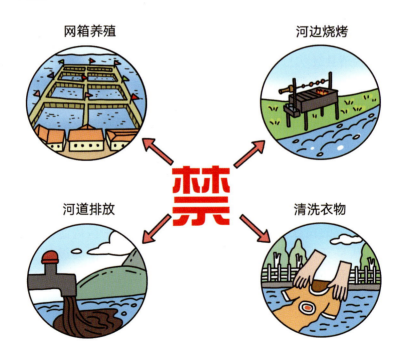

第四章

美丽海湾

44 什么是美丽海湾？

　　美丽海湾是指水清滩净、鱼鸥翔集、人海和谐，能够持续提供优美海洋环境和优质生态产品、满足人民群众日益增长的美好生活需要的海湾。美丽海湾是美丽中国在海洋建设和生态环境保护领域的实践载体和集中体现，是建设人与自然和谐共生现代化的海洋实践。

45 美丽海湾优秀案例应具备哪些基本条件？

美丽海湾优秀案例应具备的基本条件如下：

（1）**海湾环境质量良好**。湾内各类入海污染源排放得到有效控制，海水水质优良或稳定达到水质改善目标要求，海岸、海滩长期保持洁净，海滩垃圾、海漂垃圾得到有效管控，稳定实现"水清滩净"。

（2）**海湾生态系统健康**。海湾自然岸线、滨海湿地、典型海洋生境和生物多样性得到有效保护，海湾生态服务功能得到维持或恢复，稳定实现"鱼鸥翔集"。

（3）**亲海环境品质优良**。海湾生态环境优美，公众亲海空间充足，海水浴场和滨海旅游度假区等环境质量优良，能够持续满足人民群众观景、休闲、赶海、戏水等亲海需求，稳定实现"人海和谐"。

我国美丽海湾建设的目标是什么?

　　《"十四五"海洋生态环境保护规划》明确提出以建设美丽海湾为主线，着力推动海洋生态环境保护从污染治理为主向海洋环境和生态协同治理转变，从单要素质量改善向海湾生态环境整体改善转变等要求，在全国近岸海域划定283个海湾。提出到2025年，推进50个左右美丽海湾建设，形成秦皇岛湾、崂山湾、台州湾、马銮湾、大鹏湾、铺前湾等一批美丽海湾典范。到2035年，全国80%以上的大中型海湾基本建成"水清滩净、鱼鸥翔集、人海和谐"的美丽海湾，人民群众对优美海洋生态环境的需要得到满足。

47 目前我国遴选出的美丽海湾有哪些？

2021年，生态环境部首次开展美丽海湾优秀案例征集活动，首批遴选出8个美丽海湾优秀（提名）案例。

优秀案例：青岛灵山湾、秦皇岛湾北戴河段、盐城东台条子泥岸段、汕头青澳湾。提名案例：福州滨海新城岸段、深圳大鹏湾、温州洞头诸湾、大连金石滩湾。

2023年，第二批12个美丽海湾优秀案例分别为：福建厦门东南部海域、江苏盐城大丰川东港、山东威海桑沟湾、天津滨海新区中新生态城岸段、海南海口湾、福建漳州东山岛南门湾—马銮湾段、广西北海银滩、河北唐山湾国际旅游岛及龙岛区域、海南三亚湾、浙江温州南麂列岛诸湾、山东烟台八角湾、山东烟台长岛庙岛诸湾。

2024年，第三批11个美丽海湾优秀案例分别为：河北秦皇岛北部湾区、辽宁大连老虎滩—棒槌岛岸段、浙江台州大陈岛诸湾、福建厦门同安湾、福建泉州大港湾、山东日照张北湾、山东东营黄河口湾区、广东深圳大亚湾、广西北海涠洲岛、海南三沙七连屿、海南三亚海棠湾。

48 我国与海洋保护相关的法律法规及规划有哪些？

2022年，为深入贯彻落实习近平生态文明思想，深入打好重点海域综合治理攻坚战，推进海洋生态环境持续改善和建设美丽海湾，建立健全陆海统筹的生态环境治理制度，生态环境部、国家发展和改革委员会、自然资源部、交通运输部、农业农村部、中国海警局联合印发《"十四五"海洋生态环境保护规划》，对"十四五"期间海洋生态环境保护工作作出了统筹谋划和具体部署。

2023年10月24日，中华人民共和国第十四届全国人民代表大会常务委员会第六次会议修订通过了《中华人民共和国海洋环境保护法》，自2024年1月1日起正式施行。该法律旨在保护和改善海洋环境，保护海洋资源，防治污染损害，维护生态平衡，保障人体健康，促进经济的可持续发展和社会的全面发展。

我国海洋生态环境保护面临怎样的挑战？

《"十四五"海洋生态环境保护规划》提出，我国海洋生态环境保护面临的结构性、根源性、趋势性压力尚未得到根本缓解，海洋环境污染和生态退化等问题仍然突出，治理体系和治理能力建设亟待加强，海洋生态文明建设和生态环境保护仍处于压力叠加、负重前行的关键期。

（1）海洋环境污染形势依然严峻，近岸海域水质改善成效尚不稳固，部分海湾河口出现污染反弹，海水水质和海洋垃圾污染等影响了公众临海、亲海的获得感和幸福感，海上溢油等突发环境事件仍呈高发态势。

（2）海洋生态退化趋势尚未得到根本遏制，高强度开发对海岸带地区的干扰依然显著，红树林、珊瑚礁、海草床等典型海洋生态系统退化，关键海洋物种及生境受到威胁，海洋生态灾害多发，海洋生态保护修复任务仍然艰巨复杂。

（3）海洋生态环境治理体系尚不健全、治理能力发展滞后，陆海统筹的生态环境治理制度建设尚处于起步阶段，政府、企业和社会多元共治的工作格局亟待健全，全国海洋生态环境监测监管队伍和能力建设亟待加强，科技支撑体系尚不健全。

我国近岸海域的水质状况如何？

近年来，我国海洋生态环境状况总体稳中趋好。2023年《中国海洋生态环境状况公报》显示，2023年我国管辖海域水质总体稳中趋好，夏季符合第一类海水水质标准的海域面积占管辖海域面积的97.9%；近岸海域水质持续改善，优良（一、二类）水质面积比例为85.0%，同比上升3.1个百分点。劣四类水质海域主要分布在辽东湾、长江口、杭州湾、珠江口等近岸海域，主要超标指标为无机氮和活性磷酸盐。

海洋环境污染的主要来源有哪些？

　　海洋环境污染的主要来源有以下几点。

　　（1）**陆源污染**。通过入海河流、入海排污口等途径进入海洋的污染物。沿海农田施用化肥、农药，在岸滩弃置、堆放垃圾和废弃物，也会对环境造成污染。

　　（2）**船舶污染**。海上船舶在航行、港口停泊、装卸货物的过程中，向海洋排放的含油污水、生活污水、船舶垃圾及其他有害物质。

　　（3）**海上事故**。船舶搁浅、触礁、碰撞以及石油井喷和石油管道泄漏等造成的污染。

　　（4）**海洋倾废**。通过船舶、航空器、平台或其他载运工具向海洋倾泻废弃物或其他有害物质，也包括弃置船舶、航空器、平台和其他浮运工具。

　　（5）**海岸工程建设**。一些海岸工程建设改变了海岸、滩涂和潮下带及其底土的自然性状，破坏了海洋的生态平衡和海岸景观。

什么是海洋垃圾？来源有哪些？有哪些危害？怎样减少海洋垃圾？

海洋垃圾是指海洋和海岸环境中具有持久性的、人造的或经过加工的固体废弃物，可以分为海面漂浮垃圾、海滩垃圾和海底垃圾。据估算，约80%的海洋垃圾来自陆地，其中塑料垃圾占垃圾总量的80%。2022年，中国生物多样性保护与绿色发展基金会发布的消息显示，每年都有多达1 200万吨塑料垃圾最终流入海洋，预计至2040年将增加两倍。人类参与海岸活动和娱乐活动，航运、捕鱼等海上活动是海滩垃圾的主要来源。

近年来，海洋垃圾污染问题日趋严重，已经成为影响到世界各大洋的一个全球性环境问题。海洋垃圾不仅会造成海洋视觉污染，还会造成水体污染，导致水质恶化，威胁航行安全，并对海洋生态系统的健康产生影响，进而对海洋经济产生负面效应。

减少海洋垃圾要做到：在生活中减少塑料制品的使用量，选择可重复利用或易回收的产品，不随手乱丢垃圾，做好生活垃圾分类；利用世界环境日、世界海洋日等主题活动日向家人和朋友普及海洋环境保护知识；积极参加志愿者活动，参与海滩垃圾清理工作，为维护美丽家园作出贡献。

海洋垃圾

第五章

美丽城市

53 建设美丽城市有什么意义？

　　美丽城市的概念最早源于党的十八大提出的建设美丽中国的口号。美丽城市建设就是要把生态文明建设融入经济建设、政治建设、文化建设、社会建设的各方面和全过程，彰显城市特色，让人与自然、人与社会、人与人和谐共生。习近平总书记在2023年全国生态环境保护大会上强调，以绿色低碳、环境优美、生态宜居、安全健康、智慧高效为导向，建设新时代美丽城市。美丽城市建设是美丽中国建设的重要组成部分。《中共中央 国务院关于全面推进美丽中国建设的意见》进一步明确美丽城市建设的具体举措。美丽城市建设对于推进生态文明建设具有重要的导向意义，对加快我国城镇绿色发展、提高人居环境生活品质、实现人与自然和谐共生具有重要意义。

建设美丽城市有哪些具体举措？

　　《中共中央 国务院关于全面推进美丽中国建设的意见》提出了美丽城市建设的具体举措：坚持人民城市人民建、人民城市为人民，以绿色低碳、环境优美、生态宜居、安全健康、智慧高效为导向，建设新时代美丽城市。提升城市规划、建设、治理水平，实施城市更新行动，强化城际、城乡生态共保环境共治。加快转变超大特大城市发展方式，提高大中城市生态环境治理效能，推动中小城市和县城环境基础设施提级扩能，促进环境公共服务能力与人口、经济规模相适应。开展城市生态环境治理评估。

城市环境污染包括哪些方面？

我国城市环境污染主要有5点。

（1）**空气污染**。包括企业废气、机动车尾气、饮食业油烟、建筑施工粉尘、垃圾焚烧、室内空气污染等。

（2）**水体污染**。包括工业废水、生活污水、农田退水等。

（3）**固废污染**。包括垃圾（建筑垃圾、生活垃圾、医药垃圾）、放射性废物污染、白色污染等。

（4）**土壤污染**。包括化肥污染，农药污染、白色污染等。

（5）**噪声污染**。我国多数城市的噪声都处于中等污染程度。

什么是城市黑臭水体？有哪些危害？

　　城市黑臭水体是指城市建成区内，呈现令人不悦的颜色或散发令人不适气味的水体的统称。根据水体黑臭程度的不同，可将黑臭水体细分为"轻度黑臭"和"重度黑臭"两级。城市黑臭水体不仅直接影响居民日常生活，而且对生态环境和经济发展带来严重危害。黑臭水体中的硫化氢、氨等有害气体会对人体健康构成威胁，影响居民正常生活，降低社区整体环境质量和生活幸福感；黑臭水体也会严重影响城市经济发展，影响旅游业和城市形象，影响城市美誉度；黑臭水体中的有机物质分解过程会消耗大量的溶解氧，使得水域呈现缺氧状态，影响水生生物的健康和生长，破坏河流生态系统。

城市黑臭水体

57　我国城市黑臭水体治理取得哪些成效？

　　城市黑臭水体是人民群众身边突出的生态环境问题，是群众身边的麻烦事、烦心事。党中央、国务院高度重视城市黑臭水体治理工作。2018年5月，习近平总书记在全国生态环境保护大会上强调，要把解决突出生态环境问题作为民生优先领域，基本消灭城市黑臭水体，还给老百姓清水绿岸、鱼翔浅底的景象。2018年9月，经国务院同意，住房和城乡建设部会同生态环境部印发《城市黑臭水体治理攻坚战实施方案》。

　　"十三五"期间，地级及以上城市新建污水管网9.9万千米，新增污水日处理能力4 088万吨。全国295个地级及以上城市（不含州、盟）黑臭水体消除比例98.2%，总体实现攻坚战目标，极大改善了人居环境，有力促进了城市高质量发展。

《"十四五"城市黑臭水体整治环境保护行动方案》的目标是什么？

为贯彻落实党中央、国务院决策部署，根据《深入打好城市黑臭水体治理攻坚战实施方案》要求，2022年，生态环境部联合住房和城乡建设部制定了《"十四五"城市黑臭水体整治环境保护行动方案》，明确提出：到2025年，推动地级及以上城市建成区黑臭水体基本实现长治久清；县级城市建成区黑臭水体基本消除，京津冀、长三角和珠三角等区域力争提前一年完成。

59　《"十四五"城镇污水处理及资源化利用发展规划》提出了什么目标？

　　为有效缓解我国城镇污水收集处理设施发展不平衡不充分的矛盾，系统推动补短板强弱项，全面提升污水收集处理效能，加快推进污水资源化利用，提高设施运行维护水平，2021年国家发展改革委联合住房城乡建设部印发《"十四五"城镇污水处理及资源化利用发展规划》，明确提出：

　　到2025年，基本消除城市建成区生活污水直排口和收集处理设施空白区，全国城市生活污水集中收集率力争达到70%以上；城市和县城污水处理能力基本满足经济社会发展需要，县城污水处理率达到95%以上；水环境敏感地区污水处理基本达到一级A排放标准；全国地级及以上缺水城市再生水利用率达到25%以上，京津冀地区达到35%以上，黄河流域中下游地级及以上缺水城市力争达到30%；城市和县城污泥无害化、资源化利用水平进一步提升，城市污泥无害化处置率达到90%以上；长江经济带、黄河流域、京津冀地区建制镇污水收集处理能力、污泥无害化处置水平明显提升。

　　到2035年，城市生活污水收集管网基本全覆盖，城镇污水处理能力全覆盖，全面实现污泥无害化处置，污水污泥资源化利用水平显著提升，城镇污水得到安全高效处理，全民共享绿色、生态、安全的城镇水生态环境。

60 我国城镇生活污水收集处理存在哪些不足？

目前，我国城镇污水收集处理存在发展不平衡不充分问题，短板弱项依然突出。特别是污水管网建设改造滞后、污水资源化利用水平偏低、污泥无害化处置不规范，设施可持续运维能力不强等问题，与实现高质量发展还存在差距。全国仍有部分城市、400多个县城污水处理能力不能满足需求，40%左右建制镇尚不具备生活污水处理能力。此外，污水管网建设严重滞后，管网老旧破损和混错漏接严重，雨季溢流污染问题突出，城市生活污水集中收集能力不足。污水资源化利用尚处于起步阶段，城市再生水利用水平不高。各地普遍"重水轻泥"，污泥无害化处置还不规范，资源化利用水平较低。

61　什么是河长制？河长制有什么重要意义？

　　河长制是一种环境治理制度，由地方各级党政主要负责人担任"河长"，负责组织领导相应河湖的管理和保护工作。2003年，浙江省长兴县在全国率先实行河长制。2016年12月，中共中央办公厅、国务院办公厅印发了《关于全面推行河长制的意见》。全面推行河长制是落实绿色发展理念、推进生态文明建设的内在要求，是解决我国复杂水问题、维护河湖健康生命的有效举措，是完善水治理体系、保障国家水安全的制度创新。

什么是城市垃圾？什么是垃圾分类，垃圾分类有什么好处？

　　城市垃圾是城市中固体废物的混合体，包括工业垃圾、建筑垃圾和生活垃圾。垃圾分类是指按一定规定或标准将垃圾分类投放、收集、运输和处理，从而转变成公共资源的一系列活动的总称。

　　城市生活垃圾可以分为可回收物、厨余垃圾、有害垃圾、其他垃圾4个大类。其中，可回收物包括纸类、塑料、金属、玻璃、织物；厨余垃圾包括家庭厨余垃圾、餐厨垃圾、其他厨余垃圾；有害垃圾包括灯管、电池、家用化学品；其他垃圾是除可回收物、有害垃圾、厨余垃圾外的生活垃圾。垃圾分类可以提高垃圾的资源价值和经济价值，减少垃圾处理量和处理设备的使用，降低处理成本，减少土地资源的消耗，具有显著的社会、经济和环境效益。

63 垃圾随意堆放有什么危害？

垃圾随意堆放可以造成以下危害：

（1）**占用土地**。垃圾随意堆放会占用耕地，污染土壤及农作物。

（2）**污染水体**。垃圾渗沥液进入地下水或进入地表水，造成水体污染。

（3）**污染空气**。垃圾在腐化过程中，产生大量热能，主要是氨、甲烷和硫化氢等有害气体，浓度过高形成恶臭，严重污染大气。

（4）**白色污染**。塑料袋、塑料杯、泡沫塑料制品等白色污染不仅降低市容市貌、环境卫生水平，还影响土壤结构，致使土质劣化，遏制农作物生长。

（5）**危害人体健康**。垃圾中含有病原微生物，而且能为老鼠、蚊蝇及鸟类提供食物、提供栖息和繁殖的场所，是传染疾病的根源，直接或间接危害人体健康。

什么是白色污染？怎样才能减少白色污染？

　　白色污染是对废塑料污染环境现象的一种形象称谓，是指用聚苯乙烯、聚丙烯、聚氯乙烯等高分子化合物制成的包装袋、农用地膜、一次性餐具、塑料瓶等塑料制品使用后被弃置成为固体废物，由于随意乱丢乱扔，难以降解处理，对生态环境和景观造成的污染。

　　减少白色污染，应该做到以下几点：一是从自我做起，从现在做起，不使用、不购买一次性餐具和吸管等塑料制品。二是餐饮等服务行业不再提供不可降解的一次性塑料餐具。三是在日常生活中看到废弃的一次性塑料制品时要主动捡起来，丢进垃圾桶。四是增强环境保护意识，不仅自己减少使用塑料制品，还要向身边的家人、朋友进行环保知识宣传。

65 城市生活垃圾处理技术有哪些？

　　城市生活垃圾处理技术主要有焚烧、填埋、堆肥3种类型。垃圾焚烧技术是将城市生活垃圾中的可燃成分与空气中的氧气进行燃烧反应，使其变成无机物。生活垃圾经焚烧后可减容 80%～90%，具有回收余热、处置彻底、效果稳定、用地少等优点。

　　垃圾堆肥技术可分为好氧堆肥和厌氧堆肥。好氧堆肥是依靠专性和兼性好氧微生物的作用使有机物降解的生化过程，具有分解速度快，周期短，资源化效果好等优点。厌氧堆肥是依靠专性和兼性厌氧微生物的作用使有机物降解的过程，具有成本低、产气量大等优点。

　　垃圾填埋技术是对生活垃圾进行简单消毒后，将垃圾转移到提前准备好的大坑中，利用防渗手段防止垃圾渗透液污染地下水，最后将垃圾压平覆盖，使其在无氧的环境下，在物理、化学、生物等多种因素作用下进行的垃圾分解处理。具有处理量大、技术可靠、操作管理简单等优点。

我国城镇生活垃圾分类和处理设施
还面临哪些挑战？

《"十四五"城镇生活垃圾分类和处理设施发展规划》（2021年）中指出我国城镇生活垃圾分类和处理设施要实现行业高质量发展还面临较大的困难和挑战。主要体现在以下几个方面：

（1）**现有收运和处理设施体系难以满足分类要求。**一是分类收运设施存在突出短板。二是垃圾焚烧处理能力仍有较大缺口。三是目前我国生活垃圾采取填埋方式处理的比重依然较大，生活垃圾普遍存在回收利用企业"小、散、乱"和回收利用水平低的情况。四是厨余垃圾分类和处理渠道不畅。

（2）**区域发展不平衡状况仍旧突出。**一是中西部地区无害化处理能力依旧不足，西部及东北地区部分建制镇生活垃圾无害化处理率低于30%。二是各地推进垃圾分类工作进度不一，东部地区总体上进展相对较快，重点城市工作已经取得积极成效，中西部地区除重点城市外多数处于前期探索阶段。三是中西部地区垃圾焚烧处理水平低于东部地区，特别是西部地区人口稀疏、位置偏远等特殊地区，尚未探索出成熟高效、经济适用的焚烧处理模式。

（3）**存量填埋设施成为生态环境新的风险点。**垃圾填埋设施环境问题日益显现，一些填埋场环保、环境技术和运营管理水平不高，大部分填埋垃圾未经无害化处理，对周围环境可能造成严重的二次污染。一些填埋设施库容渐满、服务年限陆续到期，改造难度大、成本高成为推进封场整治的主要制约因素。

（4）**生活垃圾分类和处理的管理体制机制还需进一步完善。**一是生活垃圾管理机制有待进一步提升；二是居民生活垃圾减量化激励机制尚不健全；三是标准规范体系不健全，垃圾分类、渗滤液达标纳管排放等标准还需进一步完善；四是土地等资源要素配置与垃圾分类和处理设施建设需求不匹配，"邻避"问题仍时有发生。

《"十四五"城镇生活垃圾分类和处理设施发展规划》的目标是什么？

2021年，国家发展和改革委员会、住房城乡建设部联合发布《"十四五"城镇生活垃圾分类和处理设施发展规划》，明确提出：到2025年底，直辖市、省会城市和计划单列市等46个重点城市生活垃圾分类和处理能力进一步提升；地级城市因地制宜基本建成生活垃圾分类和处理系统；京津冀及周边、长三角、粤港澳大湾区、长江经济带、黄河流域、生态文明试验区具备条件的县城基本建成生活垃圾分类和处理系统；鼓励其他地区积极提升垃圾分类和处理设施覆盖水平。支持建制镇加快补齐生活垃圾收集、转运、无害化处理设施短板。具体目标如下：

（1）**垃圾资源化利用率**。到2025年底，全国城市生活垃圾资源化利用率达到60%左右。

（2）**垃圾分类收运能力**。到2025年底，全国生活垃圾分类收运能力达到70万吨/日左右，基本满足地级及以上城市生活垃圾分类收集、分类转运、分类处理需求；鼓励有条件的县城推进生活垃圾分类和处理设施建设。

（3）**垃圾焚烧处理能力**。到2025年底，全国城镇生活垃圾焚烧处理能力达到80万吨/日左右，城市生活垃圾焚烧处理能力占比65%左右。

什么是"无废城市"？"无废城市"的建设目标是什么？

"无废城市"是以创新、协调、绿色、开放、共享的新发展理念为引领，通过推动形成绿色发展方式和生活方式，持续推进固体废物源头减量和资源化利用，最大限度减少填埋量，将固体废物环境影响降至最低的城市发展模式，也是一种先进的城市管理理念。

2018年12月29日，国务院办公厅印发《"无废城市"建设试点工作方案》。2019年4月30日，生态环境部公布了11个"无废城市"建设试点。

2021年12月，生态环境部、国家发展和改革委员会等18个部门联合印发《"十四五"时期"无废城市"建设工作方案》。提出的工作目标是推动100个左右地级及以上城市开展"无废城市"建设，到2025年，"无废城市"固体废物产生强度较快下降，综合利用水平显著提升，无害化处置能力有效保障，减污降碳协同增效作用充分发挥，基本实现固体废物管理信息"一张网"，"无废"理念得到广泛认同，固体废物治理体系和治理能力得到明显提升。

2022年4月24日，生态环境部办公厅公布了"十四五"时期"无废城市"建设名单。

"无废城市"建设有哪些任务？

　　围绕固体废物污染防治的重点领域和关键环节，《"十四五"时期"无废城市"建设工作方案》明确了顶层设计、工业固废、农业固废、生活固废、建筑固废、危险固废、保障能力7个方面的任务。主要从工业、农业、生活方式和管理等方面做了规定。

　　(1) **在工业方面**，提出加快工业绿色低碳发展，降低工业固体废物处置压力。重点是结合工业领域减污降碳要求，加快探索重点行业工业固体废物减量化和"无废矿区""无废园区""无废工厂"建设的路径模式。

　　(2) **在农业方面**，提出促进农业农村绿色低碳发展，提升主要农业固体废物综合利用水平。重点是发展生态种植、生态养殖，建立农业循环经济发展模式，促进畜禽粪污、秸秆、农膜、农药包装物回收利用。

　　(3) **在生活方式上**，提出推动形成绿色低碳生活方式，促进生活源固体废物减量化、资源化。重点是大力倡导"无废"理念，深入开展垃圾分类，加快构建废旧物资循环利用体系，推进塑料污染全链条治理，推进市政污泥源头减量和资源化利用。

　　(4) **在管理上**，提出加强全过程管理，推进建筑垃圾综合利用。重点是大力发展节能低碳建筑，全面推广绿色低碳建材，推动建筑材料循环利用。

什么是危险废物？日常生活中常见的危险废物有哪些？有哪些危害？

危险废物是指列入国家危险废物名录或者根据国家规定的危险废物鉴别标准和鉴别方法认定的具有危险特性的固体废物。这些废物可能具有毒性、腐蚀性、易燃性、反应性或感染性等一种或多种危险特性。

日常生活中常见危险废物包括废荧光灯管、废温度计、废血压计、电子类危险废物、废药品、废杀虫剂和消毒剂及其容器、废油漆和溶剂及其容器、废矿物油及其容器、废胶片及废相纸、废镍镉电池、废氧化汞电池等。

危险废物的危害有以下两点：

（1）**破坏生态环境**。随意排放、储存的危险废物在雨水、地下水的长期渗透、扩散作用下，会污染地表水、地下水和土壤。

（2）**影响人类健康**。通过摄入、吸入、皮肤吸收、眼睛接触等方式影响人体健康，长期重复摄入接触还可能导致中毒、致癌、致畸、致突变等。

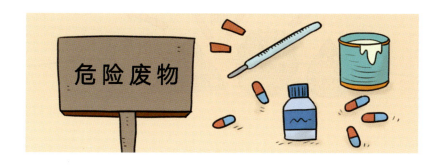

71 工业污染有哪些？有哪些危害？

工业污染是指工业生产过程中所形成的废气、废水和固体排放物对环境的污染。工业污染可分为废水污染、废气污染、废渣污染、噪声污染。工业污染的危害主要有以下几点：

（1）**对环境及农业生产活动的影响。**工业生产排放的未经处理的水、气、渣等有害废物，会造成水体、大气及土壤等环境污染，也会对农业生产活动产生不利影响。

（2）**对工业生产本身的危害。**工业"三废"（废气、废水和废渣）会腐蚀管道、损坏设备，影响厂房等的使用寿命。

（3）**对人体健康的影响。**大气污染中的颗粒物、二氧化硫、氮氧化物、挥发性有机物等污染物会导致呼吸系统疾病、酸雨、温室效应等，对人类的健康造成严重威胁。

机动车带来的污染有哪些危害？减少机动车尾气污染，我们能做些什么？

近年来，我国汽车工业快速发展，机动车保有量快速增长，机动车排放的污染物多达上百种，主要污染物有一氧化碳、碳氢化合物、氮氧化物和$PM_{2.5}$，这些污染物排放主要集中在离地面1米左右的低层空间，正处在人的呼吸带附近，对人体健康具有潜在的、持久的危害。其中，机动车污染已成为我国空气污染的重要来源，是造成雾霾、光化学烟雾污染的重要原因。

减少机动车污染，我们需要做到以下几点：

（1）绿色低碳出行，尽量乘坐公共交通工具，如1千米以内步行，3千米以内骑自行车，5千米以上乘坐公共交通工具。

（2）使用优质油品，向劣质油品说不，既保护爱车，又减少污染物排放。

（3）安装尾气净化装置，减少汽车尾气对大气的污染。

（4）加强对车辆的日常保养，定期更换空滤、油滤等，减少汽车尾气排放。

（5）养成良好的驾驶习惯，减少尾气排放，如避免冷车启动，平稳行车减少刹车的使用，长时间停车时将车辆熄火等。

73 什么是新能源汽车？新能源汽车有哪些优点？

　　新能源汽车是指除汽油、柴油发动机之外的所有其他能源汽车。包括燃料电池汽车、混合动力汽车、氢能源动力汽车和太阳能汽车等。与传统燃油车相比，新能源汽车使用电力或其他可再生能源驱动，不会排放任何有害气体或污染物质，不会产生空气或水体污染问题，具有低碳、环保、节能等优点。

城市噪声污染的主要来源有哪些？噪声对人体健康有哪些危害？

城市噪声污染的主要来源包括工业生产噪声、建筑施工噪声、交通运输噪声和社会生活噪声。

噪声会对人体健康造成以下危害。

（1）引起噪声性耳聋。主要表现有听力下降、耳鸣等症状，严重的可出现听力完全丧失。

（2）造成精神焦虑。长期在噪声中生活的人容易出现心烦易怒、坐立不安等精神焦虑症状。严重的可伴有心慌、胸闷、气短、乏力、食欲缺乏、记忆力下降等躯体化症状。

（3）引起自主神经和内分泌功能紊乱。主要表现有心慌、胸闷、出汗、失眠、多梦、早醒、头晕、头痛、容易疲劳、月经不调、痤疮等。

（4）长时间在噪声中生活的人，可能会出现高血压的症状。

75 《"十四五"噪声污染防治行动计划》的目标是什么？

噪声污染防治与人民群众生活息息相关，是最普惠民生福祉的组成部分，是生态文明建设的重要内容。近年来，噪声污染越来越成为环境领域集中投诉的热点和焦点。2021年，全国生态环境信访投诉举报管理平台共接到公众举报45万余件，其中噪声扰民问题占全部举报的45.0%，居各环境污染要素的第2位，加强噪声污染防治是解决群众反映强烈的突出环境问题的迫切需要。

2023年1月5日，生态环境部、住房和城乡建设部、交通运输部等16个部门和单位联合印发《"十四五"噪声污染防治行动计划》，该行动计划的主要目标：通过实施噪声污染防治行动，基本掌握重点噪声源污染状况，不断完善噪声污染防治管理体系，有效落实治污责任，稳步提高治理水平，持续改善声环境质量，逐步形成宁静和谐的文明意识和社会氛围。到2025年，全国声环境功能区夜间达标率达到85%。

76 造成噪声污染，会受到哪些处罚？

　　《中华人民共和国噪声污染防治法》于2022年6月5日起实施。该法律第九条规定：任何单位和个人都有保护声环境的义务，同时依法享有获取声环境信息、参与和监督噪声污染防治的权利。排放噪声的单位和个人应当采取有效措施，防止、减轻噪声污染。第七十一条至第八十七条对违反本法规定的各种情形及相应承担的法律责任进行了明确阐述。违反《中华人民共和国噪声污染防治法》规定，构成犯罪的，依法追究刑事责任。

　　《中华人民共和国治安管理处罚法》第五十八条规定：违反关于社会生活噪声污染防治的法律规定，制造噪声干扰他人正常生活的，处警告；警告后不改正的，处二百元以上五百元以下罚款。

什么是新污染物？包括哪些种类？

　　新污染物是指排放到环境中的具有生物毒性、环境持久性、生物累积性等特征，对生态环境或者人体健康存在较大风险，但尚未纳入管理或者现有管理措施不足的有毒有害化学物质。目前，国际上广泛关注的新污染物包括持久性有机污染物、内分泌干扰物、抗生素和微塑料。

新污染物治理难度大，源于新污染源的哪些特征？

新污染物治理难度大，主要源于新污染物的5个特征：

（1）**危害比较严重。**新污染物对人体器官、神经、生殖、发育等方面都可能有危害，其生产和使用往往与人类的生活息息相关，对生态环境和人体健康存在较大风险。

（2）**风险比较隐蔽。**多数新污染物的短期危害并不明显，一旦发现其危害性时，它们可能通过各种途径已经进入环境中。

（3）**环境持久。**新污染物大多具有环境持久性和生物累积性的特征，在环境中难以降解并在生态系统中易于富集，可长期蓄积在环境中和生物体内。

（4）**来源广泛。**我国是化学物质生产使用大国，在产在用的化学物质有数万种，每年还新增上千种新化学物质，其生产消费都可能存在环境排放。

（5）**治理复杂。**对于具有持久性和生物累积性的新污染物，即使以低剂量排放到环境，也可能危害环境、生物和人体健康，对治理程度要求高。此外，新污染物涉及行业众多，产业链长，替代品和替代技术研发较难，需多部门跨领域协同治理，实施全生命周期环境风险管控。

79 我国新污染物治理的指导思想和目标是什么?

　　2022年5月,国务院办公厅印发《新污染物治理行动方案》。该方案以习近平新时代中国特色社会主义思想为指导,全面贯彻党的十九大和十九届历次全会精神,深入贯彻习近平生态文明思想,立足新发展阶段,完整、准确、全面贯彻新发展理念,构建新发展格局,推动高质量发展,以有效防范新污染物环境与健康风险为核心,以精准治污、科学治污、依法治污为工作方针,遵循全生命周期环境风险管理理念,统筹推进新污染物环境风险管理,实施调查评估、分类治理、全过程环境风险管控,加强制度和科技支撑保障,健全新污染物治理体系,促进以更高标准打好蓝天、碧水、净土保卫战,提升美丽中国、健康中国建设水平。

　　《新污染物治理行动方案》明确:2025年,完成高关注、高产(用)量的化学物质环境风险筛查,完成一批化学物质环境风险评估;动态发布重点管控新污染物清单;对重点管控新污染物实施禁止、限制、限排等环境风险管控措施。有毒有害化学物质环境风险管理法规制度体系和管理机制逐步建立健全,新污染物治理能力明显增强。

《重点管控新污染物清单（2023年版）》提出了哪些重点管控的新污染物？

2022年，我国发布首批重点管控新污染物清单。2023年国务院办公厅发布的《重点管控新污染物清单（2023年版）》以有效防范新污染物环境与健康风险为核心，以精准治污、科学治污、依法治污为工作方针，遵循全生命周期环境风险管理理念，科学筛查评估有毒有害化学物质环境风险，精准识别需要重点管控的新污染物，依法实施分类治理、全过程环境风险管控，推动形成贯穿全过程、涵盖各类别、采取多举措的治理体系，为以更高标准打好蓝天、碧水、净土保卫战提供新的目标靶向，有效支撑深入打好污染防治攻坚战，提升美丽中国、健康中国建设水平。

《重点管控新污染物清单（2023年版）》包括全氟辛基磺酸及其盐类和全氟辛基磺酰氟（PFOS类）、全氟辛酸及其盐类和相关化合物（PFOA类）、十溴二苯醚、短链氯化石蜡、六氯丁二烯、五氯苯酚及其盐类和酯类、三氯杀螨醇、全氟己基磺酸及其盐类和其相关化合物（PFHxS类）、得克隆及其顺式异构体和反式异构体、二氯甲烷、三氯甲烷、壬基酚、抗生素、已淘汰类等重点管控的新污染物。这些新污染物将被严格销售管控，或禁止生产、禁止新建生产装置、加工使用和进出口。

序号	污染物
1	全氟辛基磺酸及其盐类和全氟辛基磺酰氟(PFOS类)
2	全氟辛酸及其盐类和相关化合物(PFOA类)
3	十溴二苯醚

（续）

序号	污染物
4	短链氯化石蜡
5	六氯丁二烯
6	五氯苯酚及其盐类和酯类
7	三氯杀螨醇
8	全氟己基磺酸及其盐类和其相关化合物(PFHxS类)
9	得克隆及其顺式异构体和反式异构体
10	二氯甲烷
11	三氯甲烷
12	壬基酚
13	抗生素
14	已淘汰类（六溴环十二烷、氯丹、灭蚁灵、六氯苯、滴滴涕、α-六氯环己烷、β-六氯环己烷、林丹、硫丹原药及其相关异构体、多氯联苯）

第六章

美丽乡村

81 《中共中央 国务院关于全面推进美丽中国建设的意见》中提出的美丽乡村建设的目标是什么？

2023年12月27日《中共中央 国务院关于全面推进美丽中国建设的意见》明确提出：因地制宜推广浙江"千万工程"经验，统筹推动乡村生态振兴和农村人居环境整治。加快农业投入品减量增效技术集成创新和推广应用，加强农业废弃物资源化利用和废旧农膜分类处置，聚焦农业面源污染突出区域强化系统治理。扎实推进农村厕所革命，有效治理农村生活污水、垃圾和黑臭水体。建立农村生态环境监测评价制度。科学推进乡村绿化美化，加强传统村落保护利用和乡村风貌引导。到2027年，美丽乡村整县建成比例达到40%；到2035年，美丽乡村基本建成。

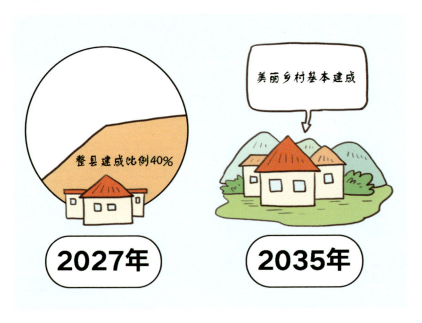

**什么是《美丽乡村建设实施方案》？
提出了哪些美丽乡村建设的具体目标？
提出了哪些重点任务？**

为贯彻落实《中共中央 国务院关于全面推进美丽中国建设的意见》，全面加强农业农村生态环境保护，推进美丽乡村建设，2025年1月，生态环境部、农业农村部等9部委联合印发了《美丽乡村建设实施方案》（环土壤〔2025〕5号）（简称《实施方案》）。该《实施方案》是美丽乡村领域的首个行动方案，旨在贯彻落实党的二十大和二十届二中、三中全会精神和全国生态环境保护大会精神，深入学习运用"千万工程"经验，加强农村生态文明建设，加大农业农村领域突出生态环境问题解决力度，整县推进美丽乡村建设，助力美丽中国建设。

《实施方案》提出：到2027年，美丽乡村整县建成比例达到40%。农业绿色发展进展明显，重点区域农业面源污染得到有效遏制，新增完成 6 万个行政村环境整治，有条件的设区的市或者县（市、区）率先全域基本消除较大面积农村劣Ⅴ类水体。到2035年，美丽乡村基本建成。农村绿色生产生活方式广泛形成，乡政府驻地、中心村等重点村庄全面完成环境整治，基本消除较大面积农村劣Ⅴ类水体，有条件的设区的市或者县（市、区）率先重现乡村"河里游泳、溪里捉鱼"的亲水记忆。

《实施方案》提出了4大重点任务，包括构建各美其美、美美与共的美丽乡村格局，全面改善农村生态环境质量，大力推进农业绿色低碳发展，持续提升农村幸福宜居品质。

"十四五"期间，我国关于农业农村污染治理的规划文件有哪些？

"十四五"以来，围绕农业农村污染治理发布实施的相关规划文件主要有：

《农村人居环境整治提升五年行动方案（2021—2025年)》

《农业农村污染治理攻坚战行动方案（2021—2025)》

《农村黑臭水体治理工作指南》（环办土壤〔2023〕23号）

《关于进一步推进农村生活污水治理的指导意见》（环办土壤〔2023〕24号）

《农业农村污染治理攻坚战行动方案（2021—2025年）》的基本思路是什么？

2022年，生态环境部、农业农村部、住房和城乡建设部、水利部、国家乡村振兴局五部门联合发布《农业农村污染治理攻坚战行动方案（2021—2025年）》。该方案的基本思路为：以习近平新时代中国特色社会主义思想为指导，全面贯彻党的十九大和十九届历次全会精神，按照深入打好污染防治攻坚战总要求，坚持精准治污、科学治污、依法治污，聚焦突出短板，以农村生活污水垃圾治理、黑臭水体整治、化肥农药减量增效、农膜回收利用、养殖污染防治等为重点领域，以京津冀、长江经济带、粤港澳大湾区、黄河流域等为重点区域，强化源头减量、资源利用、减污降碳和生态修复，持续推进农村人居环境整治提升和农业面源污染防治，增强农民群众获得感和幸福感，为实现乡村生态振兴提供有力支撑。

85 《农业农村污染治理攻坚战行动方案（2021—2025）年》提出的目标是什么？主要任务有哪些？

《农业农村污染治理攻坚战行动方案（2021—2025年)》提出的行动目标为：到2025年，农村环境整治水平显著提升，农业面源污染得到初步管控，农村生态环境持续改善。新增完成8万个行政村环境整治，农村生活污水治理率达到40%，基本消除较大面积农村黑臭水体；化肥农药使用量持续减少，主要农作物化肥、农药利用率均达到43%，农膜回收率达到85%；畜禽粪污综合利用率达到80%以上。

《农业农村污染治理攻坚战行动方案（2021—2025年)》提出了5项主要任务：加快推进农村生活污水垃圾治理；开展农村黑臭水体整治；实施化肥农药减量增效行动；深入实施农膜回收行动；加强养殖业污染防治。

什么是农村生活污水？来源有哪些？

农村生活污水是指农村居民生活过程中所排放的污水，主要来源有粪尿、洁具冲洗、洗浴、洗衣、厨房用水、房间清洁用水等。其中，冲洗厕所粪便产生的高浓度生活污水被称为"黑水"。

除冲厕用水以外的厨房用水、洗衣和洗浴用水等低浓度生活污水称为"灰水"。

农村生活污水有哪些特点？

农村生活污水主要有以下几个特点：

（1）**污染物相对较稳定，可生化性较好**。由于来源较为单一，农村生活污水中的污染物相对较稳定、成分简单，以化学需氧量（COD）、氮、磷、悬浮物、动植物油脂等为主要污染物，重金属等有毒有害物质较少，可生化性较强。

（2）**收集难度大**。我国农村地区面积广阔，多数村庄空间离散、居住分散，且地形复杂，坡度不一致，管网建设和污水收集难度大、污水收集率低，以直接排放为主，污水沿道路边沟或路面排放至就近的水体。

（3）**排放量大**。随着城镇化进程加快，农村常住人口逐年减少，虽然农村生活污水排放量呈现降低趋势，但排放量依然巨大。2021年农村居民生活污水排放量约为217.54亿立方米，约为城镇居民生活污水排放量的60.59%。

（4）**水量日变化系数大**。农村的工矿企业少，村民的生活规律相近，生活污水在清晨、中午、傍晚3个时间段的排放量相对较大，日变化系数为3.0～5.0，约为城镇生活污水排放量日变化系数的2倍。农村生活污水水量水质呈现明显季节性变化规律，夏季污水排放量较大，污染物浓度较低；冬季污水排放量较少，污染物浓度较高。

农村生活污水治理存在哪些不足？

近年来，我国农村生活污水治理取得积极成效，但总体来看，我国农村生活污水治理基础薄弱，任务依然艰巨，主要面临以下不足：

（1）**农村生活污水总体处理能力不足，污水收集和处理设施建设相对滞后。**目前，我国农村生活污水的收集系统不健全，污水收集管网建设滞后，生活污水收集率低，特别是在中西部地区一些经济基础较为薄弱的县市，农村污水收集处理率低于10%。同时，我国农村生活污水总体处理能力不足，农村污水处理率普遍较低，截至2021年，农村生活污水治理率仅为28%左右，受经济水平、自然条件等因素影响，各地区之间农村污水治理率差异较大。

（2）**已建成的污水处理设施闲置、停运现象较为突出。**目前，我国农村污水处理设施普遍存在"建得起，转不起""重建设、轻管理"现象，缺乏专业技术人才，多数农村地区的污水处理设施运维由乡镇或村级部门负责，甚至以当地村民为主，不具备污水处理的专业知识、设备操作管理的必要技能，很多农村污水处理设施处于零维护状态，设施破损、设施停运等现象屡见不鲜。

农村生活污水治理的原则是什么？

2024年1月，生态环境部与农业农村部联合发布了《关于进一步推进农村生活污水治理的指导意见》（环办土壤24号），提出的农村生活污水治理的原则如下：

一是因地制宜，分类施策。综合考虑农村区位条件、地理气候、地形地貌、经济发展水平、村庄常住人口数量及分布、污水实际产生量、集中收集难易程度、排水去向、区域水环境质量改善需求和农民生产生活习惯等，因地制宜选择资源化利用、纳入城镇污水管网/厂、相对集中式或集中式处理等治理模式或模式组合，不搞"一刀切"。

二是经济适用，梯次推进。自下而上、实事求是确定治理标准，合理选择技术工艺，确保治理成本与当地经济可承受能力相适应、治理技术要求与当地管理水平相适应、治理设施可靠稳定运行。要突出重点，分阶段对农村生活污水应管尽管、应治尽治、应用尽用，逐步迭代升级，不搞"一窝蜂"。

三是典型引路，建管并重。坚持"问需于农""问计于农""问效于农"，注重试点先行，突出典型经验总结凝练，以点带面推进治理。加强设施建设质量管理，建立有制度、有标准、有队伍、有经费、有监督的运行管护机制，确保农村生活污水治理健康可持续，建一个成一个，不搞"一阵风"。

90 农村生活污水治理的具体任务和目标是什么？

《农业农村污染治理攻坚战行动方案（2021—2025年）》提出，以解决农村生活污水等突出问题为重点，提高农村环境整治成效和覆盖水平。推动县域农村生活污水治理统筹规划、建设和运行，重点治理水源保护区和城乡结合部、乡镇政府驻地、中心村、旅游风景区等人口居住集中区域农村生活污水。按照平原、山地、丘陵、缺水、高寒和生态环境敏感等典型地区，分类完善治理模式，科学合理建设农村生活污水收集和处理设施。到2025年，东部地区、中西部城市近郊区等有基础、有条件的地区，农村生活污水治理率达到55%左右；中西部有较好基础、基本具备条件的地区，农村生活污水治理率达到25%左右；地处偏远、经济欠发达地区，农村生活污水治理水平有新提升。

91 农村改厕与生活污水治理如何有效衔接?

《农业农村污染治理攻坚战行动方案（2021—2025年)》提出要加强农村改厕与生活污水治理衔接。要科学选择改厕技术模式，宜水则水、宜旱则旱，因地制宜推进厕所粪污分散处理、集中处理与纳入污水管网统一处理。已完成水冲式厕所改造的地区，具备污水收集处理条件的，优先将厕所粪污纳入生活污水收集和处理系统；暂时无法纳入污水收集处理系统的，应建立厕所粪污收集、储存、资源化利用体系，避免化粪池出水直排。计划开展水冲式厕所改造的地区，鼓励将改厕与生活污水治理同步设计、同步建设、同步运营。

如何因地制宜选择农村生活污水治理技术模式？

《关于进一步推进农村生活污水治理的指导意见》（环办土壤〔2023〕24号），明确了因地制宜选择农村生活污水治理技术模式：

（1）**优先采取资源化利用的治理模式**。常住人口较少、居住分散，以及具备适宜环境消纳能力（包括水环境容量、土地消纳能力）的村庄，特别是位于非环境敏感区，或者干旱缺水的村庄，可充分借助农村地理自然条件等，在按照《农村厕所粪污无害化处理与资源化利用指南》等相关规范标准对粪污进行无害化处理的基础上，与农村庭院经济和农业绿色发展相结合，就近就地实现农村生活污水资源化利用。

（2）**对距离城镇较近且具备条件的村庄，可采取纳入城镇污水管网/厂的治理模式**。将生活污水直接纳入城镇污水管网进行处理，或建设集中收集贮存系统，并将生活污水转运至城镇污水处理厂进行处理。

（3）**人口集中或相对集中的村庄，因地制宜采取相对集中式或者集中式处理模式**。农村生活污水处理技术或技术组合的选择，要统筹考虑污水水质、水量及其变化特点，以及区域水环境改善需求。其中，不邻近重要水体且污染物浓度较低的生活污水，可结合环境景观建设，采用人工湿地、土壤渗滤等生态处理技术（自然处理技术），并加强隔油、沉淀等预处理，定期对生态处理系统进行养护；污水水质、水量波动较大的村庄，宜采取抗冲击负荷能力较强的处理工艺（如生物膜法），并加强水质水量调节；靠近重要水体的村庄，宜采取污染物去除率更高的处理工艺（如活性污泥法，但进水COD平均浓度较低，特别是低于80毫克/升的，不宜采用）。处理设施设计规模要与农村常住人口及其污水实际产生量相匹配。

农村生活污水治理成效评判基本标准是什么？目前，我国哪些省份制定了农村生活污水排放标准？

《关于进一步推进农村生活污水治理的指导意见》（环办土壤〔2023〕24号）明确了农村生活污水治理成效评判的基本标准，即农村生活污水治理以改变污水造成的脏乱差状况和环境污染，杜绝未经处理直排环境为导向，实现"三基本"：基本看不到污水横流，公共空间基本没有生活污水乱倒乱排现象；基本闻不到臭味，公共空间或房前屋后基本没有黑臭水体、臭水沟、臭水坑等；基本听不到村民怨言，治理成效为多数村民群众认可。

目前，全国31个省份均已制定了地方农村生活污水处理设施水污染物排放标准，并且有多个省份根据新要求进行了修订。标准的发布为各地农村生活污水处理工程建设提供了标尺，为农村环境管理提供了重要依据，为有效提升农村生活污水治理水平提供了支撑。

94　什么是厕所革命？为什么要开展厕所革命？

厕所革命是指发展中国家对厕所进行改造的一项举措。厕所是衡量文明的重要标志，改善厕所卫生状况直接关系到人民群众的健康和环境状况。厕所革命不仅是改善日常生活必备的卫生设施，更是人民群众卫生习惯与生活方式的一场变革。

小康不小康，关键看老乡。老乡要小康，厕所是一桩。习近平总书记强调，厕所问题不是小事情，是城乡文明建设的重要方面，不但景区、城市要抓，农村也要抓，要把这项工作作为乡村振兴战略的一项具体工作来推进，努力补齐这块影响群众生活品质的短板。农村"厕所革命"事关农民群众最关心最直接的现实利益，既是治理农村人居环境、建设美丽乡村的基础工程，是实施乡村振兴战略的关键抓手，也是提升群众获得感、幸福感的重要载体。

95　厕所粪污会传播哪些疾病？

　　粪便中含有大量的肠道致病菌、寄生虫卵和病毒等病原体。如果不进行处理直接排放，就会污染环境、滋生蚊蝇、传播疾病，对人体健康造成危害。粪便是许多疾病的传染源，包括三大类约100多种疾病。

　　(1) **细菌性疾病**。有细菌性痢疾、霍乱、伤寒与副伤寒等。

　　(2) **病毒性疾病**。有病毒性肝炎、脊髓灰质炎等。

　　(3) **寄生虫性疾病**。有血吸虫病、蛔虫病、钩虫病、肝吸虫病、绦虫病等。

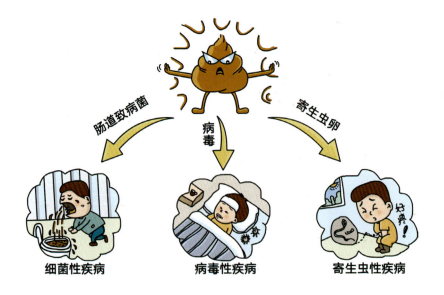

肠道致病菌　　病毒　　寄生虫卵

细菌性疾病　　病毒性疾病　　寄生虫性疾病

关于农村厕所粪污处理与资源化利用，
我国出台的政策文件有哪些？

我国关于农村厕所粪污处理与资源化利用方面出台的政策性
文件有：

《关于推进农村"厕所革命"专项行动的指导意见》（农社发
〔2018〕2号）

《关于切实提高农村改厕工作质量的通知》（中农发〔2019〕15号）

《农村厕所粪污无害化处理与资源化利用指南》（农办社〔2020〕7号）

《农村厕所粪污处理及资源化利用典型模式》（农办社〔2020〕7号）

97 农村厕所粪污处理技术模式有几种?

《农村厕所粪污无害化处理与资源化利用指南》(农办社〔2020〕7号)提出了4种农村厕所粪污处理技术模式:

(1)水冲式厕所粪污分散处理利用。分散处理利用方式包括单户、联户两种。使用沼气池进行无害化处理的,可统筹处理厕所粪污、畜禽粪污、餐厨垃圾、农作物秸秆、尾菜等农业农村有机废弃物,鼓励充分利用已有的沼气池。处理后的粪污可采用两种方式进行资源化利用。一是液态利用,即达到无害化处理要求的粪液,稀释后就地就近就农利用,也可排入土壤渗滤系统或人工湿地等进行生态处理;二是固态利用,即粪渣、粪皮及沼渣等就地堆沤腐熟并就地就近就农利用,也可收集转运至集中处理点再处理利用。

(2)水冲式厕所粪污集中处理利用。主要包括3种方式。一是通过污水管道纳入城镇污水处理系统;二是通过污水管道收集进入污水处理设施;三是通过抽排设备转运集中处理。

(3)卫生旱厕粪污处理利用。使用双坑(双池)交替式、粪尿分集式等卫生旱厕处理粪污的,如厕后应在粪污表层覆盖草木灰、秸秆粉末、锯末和沙土等,同时做好密封,防止臭气扩散。如添加菌剂,应与覆盖物混合均匀后使用,促进粪污发酵腐熟、杀灭有害细菌及除臭。清掏出来的旱厕粪污可堆沤腐熟后利用。粪尿分集式卫生旱厕收取的尿液,存放10天左右后可稀释利用。

(4)简易旱厕粪污处理利用。目前我国还有部分农村在使用没有改造的简易旱厕,厕所粪污尽量就地就近堆沤腐熟后利用。未利用的厕所粪污可清掏转运至集中收集点处理利用。

什么是农村生活垃圾？我国农村生活垃圾有哪些种类？

农村生活垃圾是指生活在乡（镇）（城关镇除外）、村（屯）的农村居民在日常生活中或在日常生活提供服务的活动中产生的固体废物，以及法律、行政法规规定视为生活垃圾的固体废物。

农村生活垃圾可以分为：厨余垃圾（易腐烂的、含有机质的生活垃圾，包括家庭厨余垃圾、餐饮垃圾等）、可回收物（废纸类、橡塑、金属、玻璃、织物等）、有害垃圾（废灯管、家用化学品、过期药品等）、其他垃圾（不可降解的一次性用品、普通无汞电池、烟蒂、纸巾等）四大类。

99 农村生活垃圾处理及资源化利用技术有哪些？

农村生活垃圾处理技术包括卫生填埋、焚烧、好氧堆肥和厌氧消化处理。目前，全国很多地方已形成了"户分类、村收集、镇转运、县处理"农村生活垃圾治理的基本模式。其中，可回收垃圾由废品收购站变现；有害垃圾交专业机构处理，但需要建立健全废品回收网点或上门回收制度；厨余垃圾可进行堆肥或厌氧消化处理；其他垃圾可进行卫生填埋或焚烧处理。

可回收垃圾变现

有害垃圾专业处理

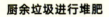

厨余垃圾进行堆肥

其他垃圾卫生填埋或焚烧

农村生活垃圾治理的具体任务是什么?

《农业农村污染治理攻坚战行动方案（2021—2025年)》提出的农村生活垃圾治理的具体任务：

(1) **健全农村生活垃圾收运处置体系**。在不便于集中收集处置农村生活垃圾的地区，因地制宜采用小型化、分散化的无害化处理方式，降低设施建设和运行成本。完善日常巡检机制，严厉查处在农村地区饮用水水源地周边、农村黑臭水体沿岸随意倾倒、填埋垃圾等行为。到2025年，进一步健全农村生活垃圾收运处置体系。

(2) **推行农村生活垃圾分类减量与利用**。加快推进农村生活垃圾分类，探索符合农村特点和农民习惯、简便易行的分类处理方式，减少垃圾出村处理量。协同推进农村有机生活垃圾、厕所粪污、农业生产有机废弃物资源化处理利用，以乡（镇）或行政村为单位，建设一批区域农村有机废弃物综合处置利用设施。

什么是农村黑臭水体？《农村黑臭水体治理工作指南》出台的背景是什么？

农村黑臭水体是指城市建成区或城镇开发边界以外的行政村（社区）范围内颜色明显异常或散发浓烈（难闻）气味的水体。

为学习运用"千万工程"经验，深入打好农业农村污染治理攻坚战，指导各地组织开展农村黑臭水体治理工作，解决农村突出的水环境问题，生态环境部联合水利部、农业农村部联合发布了《农村黑臭水体治理工作指南》（环办土壤〔2023〕23号）。

102 农村黑臭水体的成因是什么？

我国农村黑臭水体的成因包括以下几点：

（1）**外源污染**。过量生活污水、商业污水、工厂废水等污水直排导致河涌水体黑臭。另外，雨污合流制管网雨季溢流、初期雨水径流污染、沿河两岸农业面源污染、散户的畜禽养殖废水排放等，都会使得大量污染物进入水体。

（2）**内源污染**。水体中有机物和氮、磷等污染物通过沉淀或吸附等方式富集在底泥中，在高温等条件下，大量污染物从底泥中释放，产生致黑致臭物质，导致水体黑臭。

（3）**其他原因**。水体流通不畅导致水体复氧能力减弱；蓝绿藻快速繁殖引发水体水质恶化甚至发生黑臭。

103　农村黑臭水体识别对象有哪些？

《农村黑臭水体治理工作指南》（环办土壤〔2023〕23号）提出的农村黑臭水体识别对象包括：

(1) **空间范围**。自然村或村民小组等村民聚集区及聚集点适当向外延伸，原则上南方地区向外延伸500米左右，北方地区向外延伸1 000米左右。群众反映强烈的黑臭水体，可不限于上述范围。

(2) **水体类型**。空间范围内的水体（水面），或流经空间范围的水体（水面），包括河流、湖泊、水库、坑塘、沟渠等。

(3) **水体面积**。原则上为200平方米及以上。群众反映强烈的黑臭水体可不限于此要求，可以小于200平方米。各地可结合本地农村生态环境质量改善的需要，将面积小于200平方米的水体纳入黑臭水体识别范围。

空间范围

水体类型

水体面积

不判定为农村黑臭水体的特殊情形有哪些?

《农村黑臭水体治理工作指南》(环办土壤〔2023〕23号)指出,以下特殊情形不判定为农村黑臭水体:

(1) **无污染源,仅透明度单项指标超标的水体。**对自然因素(如暴雨等)或非排污行为(水体周边农田耕作翻土等农事活动、工程施工等)导致水体只有透明度指标超过阈值,不判定为黑臭水体。

(2) **农村污水治理中作为污水收集、输运和处理系统的水体。**如收集农村生活污水并输运至污水处理设施的加盖的村庄边沟等非管道收集系统形成的水体;或者未加盖的边沟,但排水通畅,感官不黑不臭;本身作为污水处理系统一部分且运行正常的水体,如人工湿地、氧化塘等,此类水体不判定为黑臭水体。

(3) **其他情况。**水面生长浮萍、水葫芦但不发黑发臭的水体;主要输送农业灌溉用水的灌渠(群众反映强烈的除外);位于城乡结合部已列入城市黑臭水体清单的水体。

农村黑臭水体治理的基本原则是什么？

《农村黑臭水体治理工作指南》（环办土壤〔2023〕23号）提出的农村黑臭水体治理的基本原则包括3个方面。

（1）**因地制宜，分类施策**。综合分析黑臭水体的特征与成因，因水体类型施策，精准治污。

（2）**经济适用，利用优先**。合理选择低成本、易维护、高效率的治理模式。优先采取资源化利用、生态化等措施进行治理，降低治污成本。

（3）**典型引路，注重实效**。选择典型区域开展试点示范，以点带面推进治理。重点治理群众反映强烈的农村黑臭水体，引导村民共商、共治、共管、共享。

农村黑臭水体治理的总体要求有哪些?

《农村黑臭水体治理工作指南》（环办土壤〔2023〕23号）提出的农村黑臭水体治理的总体要求包括3个方面。

（1）**整县系统治理黑臭水体**。坚持以污染源头管控为根本，按照"控源截污、内源治理、水系连通、生态修复"的基本技术路线，以县级行政区为单位整县开展农村黑臭水体治理。

（2）**优先选择资源化利用措施**。根据水体用途、用地分类和污染成因，结合村庄发展规划、区域经济水平和村民需求等确定治理思路，优先采用资源化、生态化治理措施。

（3）**严控将水体"一填了之"**。实施并完成控源截污措施后，确因无水源而导致水体消亡的，在水利、自然资源等相关部门依法依规同意变更土地利用类型的情况下，征得农村集体经济组织同意的，方可采取覆土填埋等措施。

对农村黑臭水体有哪些处理措施?

我国农村黑臭水体的处理措施主要包括:

(1) **控源截污措施。**包括农村生活污水治理、垃圾清理、畜禽养殖污染防治、水产养殖污染防控、种植源污染治理、工业企业(小作坊)污染治理和城镇污水治理等。

(2) **内源治理措施。**对垃圾坑、废弃粪污塘、废弃鱼塘等淤积严重或存在翻泥、冒泡现象的黑臭水体,或已采取控源截污措施消除外源污染后仍存在黑臭的水体,采用机械或者人工方式开展清淤。对于淤积不严重或难以实施清淤的水体,可采用原位修复技术(如微生物菌剂)。

(3) **水系连通措施。**对存在水系割裂、水体流动性差、季节性断流、干涸等问题的农村黑臭断头河道和沟渠、封闭坑塘,在外源污染得到有效控制的前提下,可采取明渠、埋设涵管、新建小型引排水设备等方式进行水系连通。

(4) **生态修复措施。**在外源污染控制和内源污染消除的基础上,根据情况可采取生态修复等辅助办法改善水体、水质,包括生态护岸、生态净化等措施。

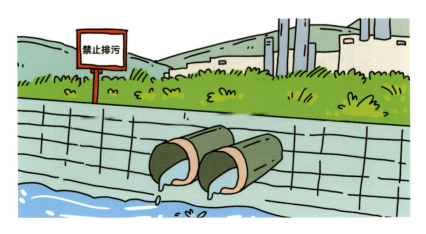

农村黑臭水体整治的具体任务是什么？

《农业农村污染治理攻坚战行动方案（2021—2025)》提出的农村黑臭水体整治具体任务包括以下几个方面：

（1）**明确整治重点**。建立农村黑臭水体国家监管清单，优先整治面积较大、群众反映强烈的水体，实行"拉条挂账、逐一销号"，稳步消除较大面积的农村黑臭水体。在农村河流湖塘分布密集地区，进一步核实黑臭水体排查结果，对新发现的黑臭水体及时纳入监管清单，加强动态管理。在治理任务较重、工作基础较好的地区，支持开展农村黑臭水体整治试点。

（2）**系统开展整治**。针对黑臭水体问题成因，以控源截污为根本，综合采取清淤疏浚、生态修复、水体净化等措施。将农村黑臭水体整治与生活污水、垃圾、种植、养殖等污染统筹治理，根据水体的集雨、调蓄、纳污、净化、生态、景观等功能，科学选择生态修复措施。

（3）**推动"长治久清"**。鼓励河长制湖长制体系向村级延伸。充分发挥河、湖长制平台作用，压实部门责任，实现水体有效治理和管护。对已完成整治的黑臭水体，开展整治过程和效果评估，确保达到水质指标和村民满意度要求。将农村黑臭水体排查结果和整治进展通过媒体向社会公开。

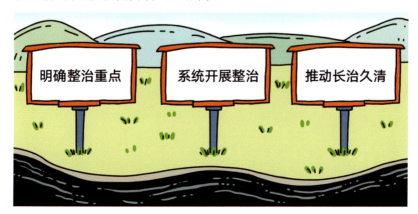

农村黑臭水体治理长效管护机制包括哪些？

《农村黑臭水体治理工作指南》（环办土壤〔2023〕23号）提出的农村黑臭水体治理长效管护机制包括以下几个方面。

（1）**水体巡查和保洁制度**。鼓励河长制湖长制体系向村级延伸，鼓励建立农村环境网格员制度。有专人负责，定期巡查和保洁水体（如打捞水面垃圾、枯枝败叶等）。

（2）**污染治理设施管护制度**。做好农村黑臭水体源头治理设施管护，特别是厕所粪污、畜禽粪污、生活污水垃圾处理等设施管护。

（3）**村民参与制度**。鼓励将农村黑臭水体排查及治理情况、长效管护机制（包括管护责任单位、责任人及联系方式等），以行政村为单位通过公告栏等便于群众知晓的方式向村民公开。鼓励通过"二维码"扫一扫等手段，畅通群众问题举报和信息反馈渠道。

（4）**社会监督制度**。每季度，设区的市级生态环境主管部门根据工作进展情况，将本行政区域内新增纳入国家、省监管清单的黑臭水体，完成治理的农村黑臭水体通过政府网站或本部门网站等方式向社会公示，接受公众监督。

什么是测土配方施肥？测土配方施肥的好处有哪些？

　　测土配方施肥是以土壤测试和肥料田间试验为基础，根据作物需肥规律、土壤供肥性能和肥料效应，在合理施用有机肥料的基础上，提出氮、磷、钾及中量和微量元素等肥料的施用数量、施肥时期和施用方法。

　　测土配方施肥的好处包括：促进作物养分吸收，提高作物产量；根据作物品种、种类，结合土壤供肥状况，确定施肥量，施肥时期，避免盲目施肥，节约成本；减少资源浪费，减少化肥施用对环境的污染。

过量使用农药的危害是什么？

过量使用农药对人体、环境、生物和农作物都有危害。

（1）**对人体健康影响。**长期接触或食用含有农药残留的食品，可能引起人体慢性中毒，影响神经系统、破坏肝脏功能，造成生理障碍，影响生殖系统，甚至可能引发癌症。

（2）**对环境的影响。**农药对大气的污染主要是由于施用农药时产生的农药药剂颗粒在空气中飘浮所致。此外，农药还可能通过土壤和水源的渗透进入生态系统，对水质和土壤质量造成破坏，进而影响到整个生态系统的平衡。

（3）**对其他生物的影响。**过度使用农药不仅会影响人类健康，还可能对青蛙、蜜蜂、鸟类和蚯蚓等有益生物造成伤害。

（4）**对农作物的影响。**过量使用化肥可能会导致土壤性状恶化，影响作物营养的有效吸收，进而降低产品的品质，如瓜果不甜、蔬菜无香、易于腐烂等。

农药化肥减量增效的具体任务有哪些?

《农业农村污染治理攻坚战行动方案（2021—2025年）》提出农药化肥减量增效的具体任务包括以下两个方面。

（1）**深入推进化肥减量增效。**聚焦长江经济带、黄河流域等重点区域，明确化肥减量增效技术路径和措施；实施精准施肥，依法落实化肥使用总量控制；大力推进测土配方施肥，在更大范围推进有机肥替代化肥；到2025年，主要农作物测土配方施肥技术覆盖率稳定在90%以上。

（2）**持续推进农药减量控害。**推进科学用药，推广应用高效低风险农药，分期分批淘汰现存10种高毒农药；推进精准施药，提高农药利用效率；创建一批绿色防控示范县，推行统防统治与绿色防控融合，构建农作物病虫害监测预警体系，提高重大病虫疫情监测预警能力；到2025年，主要农作物病虫绿色防控及统防统治覆盖率分别达到55%和45%。

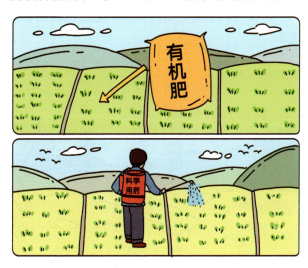

113 农田残膜的危害有哪些？

近年来，随着农用塑料薄膜用量和使用年限的不断增加，农田残膜越积越多，局部地区"白色污染"问题日益突出。农田残膜的主要危害有以下几种：

（1）**对土壤环境的危害**。残留在地里的农膜碎片会改变或隔断土壤的通透性，致使土壤水分移动受阻，从而使水分渗透量、土壤含水量下降，削弱了耕地的抗旱能力，甚至导致土壤次生盐碱化等严重后果。农田残膜分解或燃烧后产生有害物质直接污染环境，危害人体健康。

（2）**对农作物的危害**。由于农田残膜影响和破坏了土壤理化性状，造成作物根系生长发育困难。阻碍根系伸长生长，影响正常吸收水分和养分；大块残膜隔离会直接影响肥效；如种子播在残膜上，还会造成烂芽死苗，致使产量下降。

（3）**影响农民的田间耕作**。农田残膜会堵塞沟渠，影响农田灌溉。

农膜回收行动的具体任务是什么？

　　《农业农村污染治理攻坚战行动方案（2021—2025年）》提出的农膜回收行动具体任务是：落实严格的农膜管理制度，加强农膜生产、销售、使用、回收、再利用等环节的全链条监管。建立健全回收网络体系，提高废旧农膜回收利用和处置水平。加强农膜回收重点县建设，推动生产者、销售者、使用者落实回收责任，集成推广典型回收模式。建立健全农田地膜残留监测点，开展常态化、制度化监测评估。

畜禽粪污直接排放的危害有哪些？

　　畜禽粪污的直接排放会造成以下危害：

　　一是污染大气。畜禽粪便污水长期暴露在空气中，就会释放硫化氢、硫化铵等刺激性气体，这些刺激性气体经过氧化反应产生的一些氨类物质，会产生大量颗粒物，污染大气环境，危害人体健康。

　　二是污染水体。畜禽粪污含有大量的有机物、氮、磷、钾、硫及致病菌等污染物，未经处理的高浓度有机废水的集中排放，大量消耗水体中的溶解氧，导致水体变黑发臭，引起水体富营养化。

　　三是污染土壤。畜禽粪便中含有丰富的钠盐和钾盐，适当地使用，可以促使土壤的肥力提升。但在过量排放到农田且长期过量排放的情况下，就会导致土壤正常结构遭到破坏，不利于农作物正常生长。

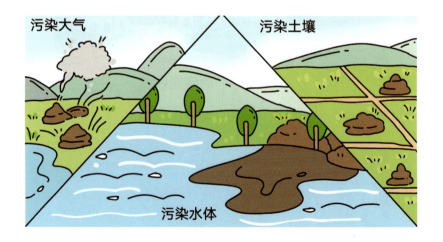

116 畜禽粪污处理资源化利用模式有哪些?

畜禽粪污资源化利用是指在畜禽粪污处理过程中,通过生产沼气、堆肥、沤肥、沼肥、肥水、商品有机肥、垫料、基质等处理技术,实现畜禽粪污的资源化利用。2021年,农业农村部和国家发展改革委印发《"十四五"全国畜禽粪肥利用种养结合建设规划》提出我国畜禽粪污处理资源化利用方式包括分散式、集中式、分散+集中式3种模式。

(1) **分散式处理模式**。适用于大型养殖场较多,规模化以及以下养殖场较少的县城。区域内的养殖场自行处理粪污,不设置区域处理中心。

(2) **集中式处理模式**。适用于县域面积较小,县域内畜禽养殖密集区较为突出的县城。在养殖密集区设置区域处理中心,将各个养殖场的粪污在预处理的前提下,运输至区域处理中心,集中处理。

(3) **分散+集中式处理模式**。适用于县域面积较大、养殖量较大,大小养殖场均存在的县城。大型养殖场自行完成,其余整合至区域处理中心处理。

117 畜禽粪污资源化利用的主要任务是什么?

《农业农村污染治理攻坚战行动方案（2021—2025年)》提出：推行畜禽粪污资源化利用，推进种养结合，畅通粪肥还田渠道。建立畜禽规模养殖场碳排放核算、报告、核查等标准，引导畜禽养殖环节温室气体减排，完善畜禽粪肥限量标准，指导各地安全合理施用粪肥。到2025年，畜禽规模养殖场建立粪污资源化利用计划和台账，粪污处理设施装备配套率稳定在97%以上，畜禽养殖户粪污处理设施装备配套水平明显提升。

**什么是水产养殖尾水？有什么特点？
直接排放有哪些危害？**

水产养殖尾水是指在水产养殖过程中或养殖结束后，由养殖体（包括养殖池塘、育苗池、工厂化车间等）向自然水域排出的不再使用的养殖水。具有不定期排放、排放期集中、排水量大、有机负荷大、氮磷浓度高、非点源排放等特点。

水产养殖大多采用集约化的方式进行养殖，养殖密度高，水生动物在新陈代谢过程中，产生的大量尿液和粪便无法及时清除，导致水体中的氨、氮、生化需氧量等不断增加，造成养殖水富含大量的氮、磷等有机污染物，尾水若得不到及时有效处理，不仅会使养殖水域环境恶化，影响人体健康，还会导致鱼类、虾蟹类等暴发疾病甚至大面积死亡，直接导致养殖产品质量和产量下降，给渔民造成经济损失。

119 水产养殖污染防治的主要任务是什么？

　　《农业农村污染治理攻坚战行动方案（2021—2025年)》提出：水产养殖污染防治的任务：一是推动水产养殖污染防治。养殖大省要依法加快制定出台水产养殖业水污染物排放控制标准，加强水产养殖尾水监测，规范工厂化水产养殖尾水排污口设置；以珠三角、长江流域、黄渤海等区域为重点，依法加大环境监管执法检查力度。二是大力发展水产生态健康养殖，积极推广多种生态健康养殖模式；实施池塘标准化改造，完善循环水和进排水处理设施，推进养殖尾水节水减排。

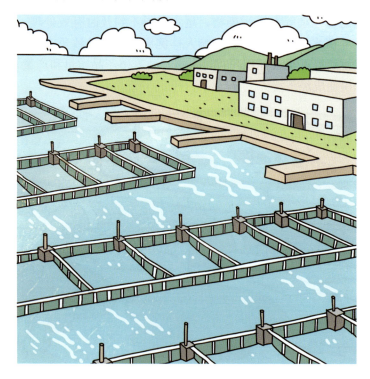

第七章

低碳发展

120　什么是温室气体？温室气体有哪些？

　　大气中，能吸收和释放红外线辐射给地球保温，使地球变暖的气体，统称为温室气体。温室气体使地球变得更温暖的现象称为温室效应。大气中主要的温室气体包括二氧化碳（CO_2）、臭氧（O_3）、氧化亚氮（N_2O）、甲烷（CH_4）、氢氟碳化物（HFCs）、全氟化合物（PFCs）及六氟化硫（SF_6）等。

温室气体排放会造成哪些危害？

温室气体排放造成的危害主要有以下几点：

（1）**全球变暖和气候变化**。温室气体的过量排放会导致全球变暖和气候变化，进而引发干旱、洪涝、暴雨等极端天气事件，影响农作物产量、水资源供应和生态系统平衡，造成海平面上升，威胁沿海地区的安全和发展。

（2）**生物多样性减少**。全球变暖和气候变化会导致植物和动物无法适应快速变化的环境，导致许多物种生境减少或消失，造成生物多样性减少。

（3）**影响人体健康**。气候变化会对人体健康产生直接或间接的影响，温度升高也会增加传染病的传播风险。

哪些领域会产生温室气体？

（1）**工业生产**。煤炭、石油和天然气等化石燃料燃烧，炼钢、炼油、水泥、化肥生产等过程中，均产生大量的温室气体。

（2）**交通运输**。汽车尾气中的二氧化碳、氮氧化物等温室气体排放是导致城市空气污染和气候变化的重要因素。航空、航运和铁路运输也会产生大量温室气体。

（3）**农业和畜牧业**。森林砍伐、湿地排干等土地利用变更活动会破坏生态平衡，导致温室气体排放。畜牧业尤其是牛羊养殖过程中，会产生大量甲烷和氮氧化物等温室气体。据统计，全球畜牧业产生的温室气体排放量占总排放量的近1/4。

工业生产

交通运输

农业和畜牧业

"双碳"是什么意思？

　　"双碳"即"碳达峰"和"碳中和"的简称，是由中国提出的两个阶段的碳减排奋斗目标。"碳达峰"是指二氧化碳的排放量不再增长，达到峰值之后开始下降。"碳中和"则是指通过以低碳能源取代化石燃料、植树造林、节能减排、碳捕集等形式，抵消自身产生的二氧化碳排放量，实现二氧化碳的"净零排放"。

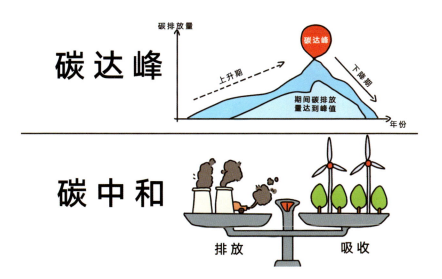

124 我国的"双碳"目标是什么?

2020年9月22日,国家主席习近平在第七十五届联合国大会上宣布,中国力争在2030年前二氧化碳排放达到峰值,努力争取2060年前实现碳中和目标。

125 我国有关"双碳"的政策文件有哪些?

我国"双碳"政策的文件主要包括:

(1)中共中央 国务院印发的《关于完整准确全面贯彻新发展理念做好碳达峰碳中和工作的意见》(2021年)。

(2)国务院印发的《2030年前碳达峰行动方案》(2021年)。

(3)工业和信息化部、国家发展和改革委员会、生态环境部联合印发的《工业领域碳达峰实施方案》(2022年)。

(4)财政部印发的《财政支持做好碳达峰碳中和工作的意见》(2022年)。

(5)住房和城乡建设部、国家发展和改革委员会联合印发的《城乡建设领域碳达峰实施方案》(2022年)。

(6)农业农村部、国家发展和改革委员会联合印发的《农业农村减排固碳实施方案》(2022年)。

(7)科学技术部等9部门联合印发的《科技支撑碳达峰碳中和实施方案(2022—2030年)》(2022年)。

(8)国家发展和改革委员会印发的《国家碳达峰试点建设方案》(2023年)。

碳达峰的主要目标是什么？

《2030年前碳达峰行动方案》提出的主要目标是："十四五"期间，产业结构和能源结构调整优化取得明显进展，重点行业能源利用效率大幅提升，煤炭消费增长得到严格控制，新型电力系统加快构建，绿色低碳技术研发和推广应用取得新进展，绿色生产生活方式得到普遍推行，有利于绿色低碳循环发展的政策体系进一步完善。到2025年，非化石能源消费比重达到20%左右，单位国内生产总值能源消耗比2020年下降13.5%，单位国内生产总值二氧化碳排放比2020年下降18%，为实现碳达峰奠定坚实基础。

"十五五"期间，产业结构调整取得重大进展，清洁低碳安全高效的能源体系初步建立，重点领域低碳发展模式基本形成，重点耗能行业能源利用效率达到国际先进水平，非化石能源消费比重进一步提高，煤炭消费逐步减少，绿色低碳技术取得关键突破，绿色生活方式成为公众自觉选择，绿色低碳循环发展政策体系基本健全。到2030年，非化石能源消费比重达到25%左右，单位国内生产总值二氧化碳排放比2005年下降65%以上，顺利实现2030年前碳达峰目标。

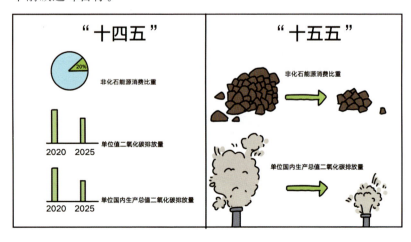

碳达峰的重点任务有哪些？

《2030年前碳达峰行动方案》提出重点实施"碳达峰十大行动"，即能源绿色低碳转型行动、节能降碳增效行动、工业领域碳达峰行动、城乡建设碳达峰行动、交通运输绿色低碳行动、循环经济助力降碳行动、绿色低碳科技创新行动、碳汇能力巩固提升行动、绿色低碳全民行动、各地区梯次有序碳达峰行动。

什么是全国节能宣传周？2024年全国节能宣传周的主题是什么？

　　全国节能宣传周是在1990年国务院第六次节能办公会议上确定的活动周。全国节能宣传周是实施全面节约战略、开展节能降碳宣传教育、推动形成绿色低碳生产生活方式的重要举措。5月13日至19日是2024年第34个全国节能宣传周，主题为"绿色转型，节能攻坚"。

什么是全国低碳日？ 2024年全国低碳日的主题是什么

全国低碳日是2012年9月19日召开的国务院常务会议上决定设立的主题日。全国低碳日旨在坚持"以人为本"的理念，加强适应气候变化和防灾减灾的宣传教育，普及气候变化知识，宣传低碳发展理念和政策，鼓励公众参与，推动落实控制温室气体排放任务。2024年的全国低碳日为5月15日，主题是"绿色低碳，美丽中国"。

什么是低碳生活？我们该如何践行低碳生活？

低碳生活是指减少二氧化碳的排放，低能量、低消耗、低开支的生活方式。在日常生活中，我们可以在衣食住行等方面践行低碳生活理念与低碳生活方式。

（1）**低碳衣着**。尽量少买衣服，尽可能选择棉、麻等质地的衣服；合理使用洗衣机，尽量用手洗代替机洗。

（2）**低碳饮食**。节约不浪费；少点外卖，减少或避免使用一次性餐具；饮酒适量，少抽烟。

（3）**低碳居住**。随手关灯，及时关闭不使用的电器；合理使用空调、电风扇等家电；减少使用一次性塑料袋和过度包装物。

（4）**低碳出行**。出行尽量选择乘坐公共交通工具，增加步行或骑行等方式出行，减少驾车出行的次数。

与环境保护相关的主题日有哪些？

与环境保护相关的主题日主要有：

2月2日，世界湿地日。

3月21日，世界森林日。

3月22日，世界水日。

3月23日，世界气象日。

4月7日，世界卫生日。

4月22日，世界地球日。

5月22日，国际生物多样性日。

5月31日，世界无烟日。

6月5日，世界环境日。

6月8日，世界海洋日。

6月17日，世界防治荒漠化与干旱日。

7月11日，世界人口日。

8月15日，全国生态日。

9月16日，国际臭氧保护日。

10月13日，国际减灾日。

10月16日，世界粮食日。

11月19日，世界厕所日。

132 保护环境的宣传途径有哪些?

　　保护环境的宣传途径主要有广播电视、互联网平台、环保展览等渠道,利用这些渠道宣传环境保护知识和信息,制作环境保护宣传片并对外发布,通过宣传让更多的人了解和关心环境保护。

　　针对环保宣传的主要目标群体,通过社区公告、学校教育、单位内部宣传、乡村公告栏宣传等途径,向公众传递环保知识和信息,加大对农村公众环境保护宣传的力度,开展"生态社区""生态村""绿色学校"等创建活动,加强居民对环境保护的认识,鼓励群众参与环保行动。

　　充分利用世界环境日、全国生态日等环保主题日,通过开展环保讲座、发放宣传材料、张贴宣传标语,组织开展有奖竞答、绘画展览等环境保护宣传系列活动,让公众参与其中,提高环境保护意识和参与度。充分发挥环保志愿者、环保组织的重要作用,壮大环保力量的影响。

发现环境污染问题，群众可以通过哪些途径举报？

遇到环境污染问题，群众可以通过全国生态环境投诉举报平台（https://jubao.mee.gov.cn/netreport/netreport/index?dt_dapp=1）和生态环境微信投诉举报（https://www.mee.gov.cn/home/12369/）进行举报。

图书在版编目（CIP）数据

美丽中国建设知识问答/席北斗，李晓光主编．——
北京：农村读物出版社，2025.3
　ISBN 978−7−5048−5853−5

Ⅰ.①美…　Ⅱ.①席…②李…　Ⅲ.①生态环境建设
−中国−问题解答　Ⅳ.①X321.2−44

中国国家版本馆CIP数据核字（2024）第068790号

农村读物出版社出版
地址：北京市朝阳区麦子店街18号楼
邮编：100125
策划编辑：刁乾超
责任编辑：李昕昱
版式设计：李向向　　责任校对：吴丽婷　　责任印制：王　宏
印刷：中农印务有限公司
版次：2025年3月第1版
印次：2025年3月北京第1次印刷
发行：新华书店北京发行所
开本：880mm×1230mm　1/32
印张：4.875
字数：130千字
定价：35.00元
